建筑安装工程施工工艺标准系列丛书

建筑给水排水及供暖工程施工工艺

山西建设投资集团有限公司　组织编写

张太清　梁　波　主编

U0336084

中国建筑工业出版社

图书在版编目（CIP）数据

建筑给水排水及供暖工程施工工艺/山西建设投资集团有
限公司组织编写. —北京：中国建筑工业出版社，2018.12（2021.9重印）
（建筑安装工程施工工艺标准系列丛书）
ISBN 978-7-112-22864-5

Ⅰ.①建… Ⅱ.①山… Ⅲ.①给排水系统-建筑安装-工程施
工②采暖设备-建筑安装-工程施工 Ⅳ.①TU82②TU832

中国版本图书馆 CIP 数据核字(2018)第 242783 号

　　本书是《建筑安装工程施工工艺标准系列丛书》之一。该书经广泛调查研究，认真总结工程实践经验，参考有关国家、行业及地方标准规范修订而成。

　　该书编制过程中主要参考了《建筑工程施工质量验收统一标准》GB 50300—2013、《建筑给水排水及采暖工程施工质量验收规范》GB 50242—2002、《建筑给水金属管道工程技术规程》CJJ/T 154—2011、《冷热水用聚丙烯管道系统》GB/T 18742—2017、《建筑给水复合管道工程技术规程》CJJ/T 155—2011、《建筑排水金属管道工程技术规程》CJJ 127—2009、《自动喷水灭火系统施工及验收规范》GB 50261—2017、《气体灭火系统施工及验收规范》GB 50263—2007、《消防给水及消火栓系统技术规范》GB 50974—2014、《锅炉安装工程施工及验收规范》GB 50273—2009、《风机、压缩机、泵安装工程施工及验收规范》GB 50275—2010、《工业设备及管道绝热工程施工质量验收规范》GB 50185—2010、《游泳池给水排水工程技术规程》CJJ 122—2017 等标准规范。每项标准按引用文件、术语、施工准备、操作工艺、质量标准、成品保护、注意事项、质量记录八个方面进行编写。

　　本书可作为建筑给水排水及采暖工程施工生产操作的技术依据，也可作为编制施工方案和技术交底的蓝本。在实施工艺标准过程中，若国家标准或行业标准有更新版本时，应按国家或行业现行标准执行。

责任编辑：张　磊

责任校对：刘梦然

建筑安装工程施工工艺标准系列丛书
建筑给水排水及供暖工程施工工艺
山西建设投资集团有限公司　组织编写
张太清　梁　波　主编
*
中国建筑工业出版社出版、发行（北京海淀三里河路 9 号）
各地新华书店、建筑书店经销
北京科地亚盟排版公司制版
北京建筑工业印刷厂印刷
*
开本：787×960 毫米　1/16　印张：15¾　字数：271 千字
2019 年 3 月第一版　　2021 年 9 月第四次印刷
定价：**50.00 元**
ISBN 978-7-112-22864-5
（32868）

发布令

　　为进一步提高山西建设投资集团有限公司的施工技术水平，保证工程质量和安全，规范施工工艺，由集团公司统一策划组织，系统内所有骨干企业共同参与编制，形成了新版《建筑安装工程施工工艺标准》（简称"施工工艺标准"）。

　　本施工工艺标准是集团公司各企业施工过程中操作工艺的高度凝练，也是多年来施工技术经验的总结和升华，更是集团实现"强基固本，精益求精"管理理念的重要举措。

　　本施工工艺标准经集团科技专家委员会专家审查通过，现予以发布，自2019年1月1日起执行，集团公司所有工程施工工艺均应严格执行本"施工工艺标准"。

山西建设投资集团有限公司

党委书记：

董事长：

2018 年 8 月 1 日

序

　　企业技术标准是企业发展的源泉，也是企业生产、经营、管理的技术依据。随着国家标准体系改革步伐日益加快，企业技术标准在市场竞争中会发挥越来越重要的作用，并将成为其进入市场参与竞争的通行证。

　　山西建设投资集团有限公司前身为山西建筑工程（集团）总公司，2017年经改制后更名为山西建设投资集团有限公司。集团公司自成立以来，十分重视企业标准化工作。20世纪70年代就曾编制了《建筑安装工程施工工艺标准》；2001年国家质量验收规范修订后，集团公司遵循"验评分离，强化验收，完善手段，过程控制"的十六字方针，于2004年编制出版了《建筑安装工程施工工艺标准》（土建、安装分册）；2007年组织修订出版了《地基与基础工程施工工艺标准》、《主体结构工程施工工艺标准》、《建筑装饰装修施工工艺标准》、《建筑屋面工程施工工艺标准》、《建筑电气工程施工工艺标准》、《通风与空调工程施工工艺标准》、《电梯与智能建筑工程施工工艺标准》、《建筑给水排水及采暖工程施工工艺标准》共8本标准。

　　为加强推动企业标准管理体系的实施和持续改进，充分发挥标准化工作在促进企业长远发展中的重要作用，集团公司在2004年版及2007年版的基础上，组织编制了新版的施工工艺标准，修订后的标准增加到18个分册，不仅增加了许多新的施工工艺，而且内容涵盖范围也更加广泛，不仅从多方面对企业施工活动做出了规范性指导，同时也是企业施工活动的重要依据和实施标准。

　　新版施工工艺标准是集团公司多年来实践经验的总结，凝结了若干代山西建投人的心血，是集团公司技术系统全体员工精心编制、认真总结的成果。在此，我代表集团公司对在本次编制过程中辛勤付出的编著者致以诚挚的谢意。本标准的出版，必将为集团工程标准化体系的建设起到重要推动作用。今后，我们要抓住契机，坚持不懈地开展技术标准体系研究。这既是企业提升管理水平和技术优势的重要载体，也是保证工程质量和安全的工具，更是提高企业经济效益和社会效益的手段。

在本标准编制过程中，得到了住建厅有关领导的大力支持，许多专家也对该标准进行了精心的审定，在此，对以上领导、专家以及编辑、出版人员所付出的辛勤劳动，表示衷心的感谢。

在实施本标准过程中，若有低于国家标准和行业标准之处，应按国家和行业现行标准规范执行。由于编者水平有限，本标准如有不妥之处，恳请大家提出宝贵意见，以便今后修订。

山西建设投资集团有限公司

总经理：

2018 年 8 月 1 日

前　　言

　　本书是山西建设投资集团有限公司《建筑安装工程施工工艺标准系列丛书》之一。该标准经广泛调查研究，认真总结工程实践经验，参考有关国家、行业及地方标准规范，在2007版基础上经广泛征求意见修订而成。

　　该书编制过程中主要参考了《建筑工程施工质量验收统一标准》GB 50300—2013、《建筑给水排水及采暖工程施工质量验收规范》GB 50242—2002、《建筑给水金属管道工程技术规程》CJJ/T 154—2011、《冷热水用聚丙烯管道系统》GB/T 18742—2017、《建筑给水复合管道工程技术规程》CJJ/T 155—2011、《建筑排水金属管道工程技术规程》CJJ 127—2009、《自动喷水灭火系统施工及验收规范》GB 50261—2017、《气体灭火系统施工及验收规范》GB 50263—2007、《消防给水及消火栓系统技术规范》GB 50974—2014、《锅炉安装工程施工及验收规范》GB 50273—2009、　《风机、压缩机、泵安装工程施工及验收规范》GB 50275—2010、《工业设备及管道绝热工程施工质量验收规范》GB 50185—2010、《游泳池给水排水工程技术规程》CJJ 122—2017等标准规范。每项标准按引用文件、术语、施工准备、操作工艺、质量标准、成品保护、注意事项、质量记录八个方面进行编写。

　　本标准修订的主要内容是：

　　1. 建筑给水工程中增加了薄壁不锈钢管道，增补了非金属管道、复合管道，取消了镀锌钢管。

　　2. 建筑排水增加了金属排水管道，包括柔性接口铸铁管、承插安装铸铁管、卡箍式铸铁管等的安装。

　　3. 增加了建筑中水系统、游泳池及公共浴室等内容，取消了室内燃气。

　　本书可作为建筑给水排水及采暖工程施工生产操作的技术依据，也可作为编制施工方案和技术交底的蓝本。在实施工艺标准过程中，若国家标准或行业标准有更新版本时，应按国家或行业现行标准执行。

本书在编制过程中，限于编者水平，有不妥之处，恳请提出宝贵意见，以便今后修订完善。随时可将意见反馈至山西建设投资集团公司技术中心（太原市新建路9号，邮政编码030002）。

目　　录

第1章　建筑给水金属管道安装 ·················· 1

第2章　室内采暖管道安装 ···················· 14

第3章　建筑给水聚丙烯管道安装 ················ 26

第4章　建筑给水聚乙烯管道安装 ················ 39

第5章　建筑给水复合管道安装 ················· 50

第6章　卫生器具安装 ······················ 63

第7章　散热器安装 ······················· 71

第8章　低温热水地板辐射采暖系统安装 ··········· 79

第9章　建筑排水金属管道安装 ················· 88

第10章　建筑排水塑料管道安装 ················ 100

第11章　离心水泵安装 ····················· 111

第12章　室外供热管道安装 ·················· 122

第13章　锅炉及附属设备安装 ················· 128

第14章　管道及设备防腐 ···················· 154

第15章　管道及设备保温 ···················· 160

第16章　自动喷水灭火系统安装 ················ 167

第17章　消火栓系统安装 ···················· 179

第18章　气体灭火系统安装 ·················· 195

第19章　石棉水泥打口连接的建筑给水铸铁管道安装 ···· 207

第20章　承插式橡胶圈连接给水铸铁管道安装 ········ 212

第21章　建筑中水系统安装 ·················· 218

第22章　游泳池及公共浴室水系统安装 ············ 225

第23章　太阳能光热系统安装 ················· 236

第1章　建筑给水金属管道安装

本工艺标准适用于民用和一般工业建筑的给水管道（包括给水铸铁管道、镀锌碳素钢管、铜管和薄壁不锈钢管的冷热水管）安装工程。

1　引用标准

《建筑给水排水及采暖工程施工质量验收规范》GB 50242—2002

《建筑给水金属管道工程技术规程》CJJ/T 154—2011

《建筑给水排水薄壁不锈钢管连接技术规程》CECS 277：2010

《建筑给水铜管管道工程技术规程》CECS 171：2004

《建筑铜管管道工程连接技术规程》CECS 228：2007

《不锈钢卡压式管件组件　第1部分：卡压式管件》GB/T 19228.1—2011

《不锈钢卡压式管件组件　第2部分：连接用薄壁不锈钢管》GB/T 19228.2—2011

《不锈钢卡压式管件组件　第3部分：O形橡胶密封圈》GB/T 19228.3—2012

《薄壁不锈钢内插卡压式管材及管件》CJ/T 232—2006

《薄壁不锈钢管》CJ/T 151—2016

2　术语

2.0.1 薄壁不锈钢管：壁厚与外径之比不大于6％的不锈钢管。

3　施工准备

3.1　作业条件

3.1.1 施工图和设计文件已齐全，已进行技术交底。

3.1.2 施工组织设计或施工方案已经批准。

3.1.3 施工人员已经专业培训。

3.1.4 施工场地的用水、用电、材料储放场地等临时设施能满足要求。

3.1.5 地下管道敷设前房心土必须回填夯实后挖到管底标高，沿管线敷设位置清理干净，管道穿墙处已留管洞或安装套管，坐标、标高正确。

3.1.6 暗装管道在地沟未盖沟盖或吊顶未封闭前进行安装，其型钢支架均已安装完毕并符合要求。

3.1.7 明装托、吊干管安装必须在安装层的结构顶板完成后进行。沿管线安装位置的模板及杂物已清理干净，托吊卡件均已安装牢固，位置正确。

3.1.8 立管安装在主体结构完成后进行。高层建筑在主体结构达到安装条件后，适当插入进行。每层均应标有明确的标高线，安装竖井管道时，应把竖井内的模板及杂物清除干净，并有防坠落措施。

3.1.9 支管安装应在墙体砌筑完毕，墙面未装修前进行（包括安装支管）。

3.2 材料及机具

3.2.1 镀锌碳素钢管及管件的规格种类应符合设计要求，管壁内外镀锌均匀，无锈蚀、无飞刺。管件无偏扣、乱扣、丝扣不全或角度不准等现象。管材应有产品质量证明书。

3.2.2 紫铜管、黄铜管及管件的规格种类应符合设计要求，管壁内外表面应光洁，无针孔、裂纹、起皮、结疤和分层。黄铜管不得有绿锈和严重脱锌。

紫铜管、黄铜管道的外表面缺陷允许度规定如下：纵向划痕深度，壁厚≤2mm 时，不大于 0.04mm；壁厚＞2mm 时，不大于 0.05mm。横向的凹入深度或凸出高度不大于 0.35mm。疤块、起泡、碰伤或凹坑，其深度不超过 0.03mm，最大尺寸不应大于管子周长的 5%。管材应有产品质量证明书和出厂合格证。

3.2.3 铸铁给水管及管件的规格应符合设计压力要求，管壁薄厚均匀，内外光洁，不得有砂眼、裂纹、毛刺和疤块；承口的内外径及管件应造型规矩，管内外表面的防腐涂层应整洁均匀，附着牢固。管材应有产品质量证明书或出厂合格证。

3.2.4 薄壁不锈钢管材与管件，其内外径允许偏差应符合现行国家标准《不锈钢卡压式管件组件　第 2 部分：连接用薄壁不锈钢管》GB/T 19228.2、《不锈钢卡压式管件组件　第 1 部分：卡压式管件》GB/T 19228.1 和现行行业标准《薄壁不锈钢管》CJ/T 151、《薄壁不锈钢内插卡压式管材及管件》CJ/T 232 的规定。

3.2.5 薄壁不锈钢管卡压连接密封圈，其应符合《不锈钢卡压式管件组件　第 3 部分：O 形橡胶密封圈》GB/T 19228.3 的规定。其他连接方式的密封圈，其结构型式、外形尺寸、材质应符合相关标准的规定。

3.2.6　阀门的规格型号应符合设计要求，阀体表面光洁，无裂纹，开关灵活，关闭严密，填料密封完好无渗漏，手轮完整无损坏，有产品质量证明书或出厂合格证。

3.2.7　机具：套丝机、砂轮锯、台钻、电锤、手电钻、电焊机、直流电焊机、氩弧焊机、薄壁不锈钢管压式连接专用挤压工具、电动试压泵、套丝扳、管钳、压力钳、手锯、手锤、活扳手、煨弯器、手压泵、扳边器、橡皮锤、调直器、锉刀、捻凿、断管器、六角量规、普通量规、水平尺、线坠、钢卷尺、钢板尺、法兰角尺等。

4　操作工艺

4.1　工艺流程

安装准备 → 预制加工 → 干管安装 → 立管安装 → 支管安装 → 管道试压 →

管道系统冲洗 → 管道防腐和保温

4.2　安装准备

根据施工方案确定的施工方法和技术交底的具体措施做好准备工作。参看有关专业设备图纸和土建施工图，核对各种管道的坐标、标高是否交叉，管道排列空间是否合理。

4.3　预制加工

4.3.1　管道安装先按系统、分段进行加工预制。按设计图纸画出管道分路、变径、预留管口、阀门位置等施工草图，在实际安装的结构位置做上标记，按标记分段量出实际安装的准确尺寸，记录在施工草图上，然后按草图测得的尺寸预制加工（断管、套丝、上零件、调直、校正）、按管段分组编号组合。组合件的尺寸应考虑运输的方便。

4.3.2　给水管道必须采用与管材相适应的管件。生活给水系统所涉及的材料必须达到饮用水卫生标准。

4.4　干管安装

给水引入管与排水排出管的水平净距不得小于1m，室内给水与排水管道平行敷设时，两管间的最小水平净距不得小于0.5m；交叉铺设时，垂直净距不得小于 0.15m。给水管应铺在排水管上面，当给水管必须铺在排水管下面时，给水管应加套管，其长度不得小于排水管管径的 3 倍。

4.4.1 给水铸铁管道的安装

1 在干管安装前清扫管腔，将承口内侧及插口外侧端头的砂、毛刺、沥青除掉，用铁丝刷刷干净，承口朝顺水方向顺序排列，连接的对口间隙不小于 3mm。找平找直后，将管道固定。管道拐弯和始端处应支撑顶牢，防止捻口时轴向移动，所有管口随时封堵好。

2 捻麻：将油麻拧成麻花状，其直径应为环缝间隙的 1.5 倍，比管子外圆长 150mm，用麻钎捻入承口内，深度约为承口深度的三分之一，每圈搭接头应相互错开，捻完后打实。将油麻捻实后进行捻灰，用 32.5 级以上的水泥加水拌匀（水灰比为 1：9），用捻凿将灰填入承口，分层打实，每层至少打两遍，平口后表面平整饱满，且能发出暗色亮光。捻完后的灰面应比承口低 1~2mm。承口捻完后应进行养护，可用泥土抹在接口外面或用湿草袋覆盖养护，每天浇水四次，一般养护 1~2d。冬季应采取防冻措施。

3 给水铸铁管与镀锌钢管连接时应按图 1-1 所示的几种方式安装。

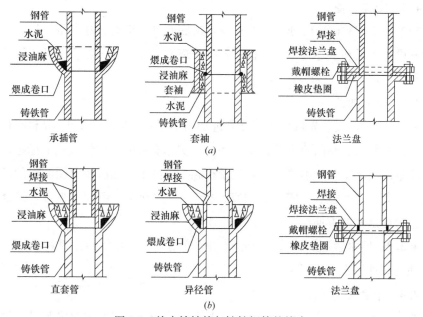

图 1-1 给水铸铁管与镀锌钢管的接头

（a）同管径铸铁管与钢管的接头；（b）不同管径铸铁管与钢管的接头

4.4.2 给水镀锌管安装

1 安装时一般从总进口开始，总进口端头加好临时丝堵或法兰以备试压用。设计要求防腐时，应在预制后、安装前做好防腐。把预制完的管道运到安装部位，按编号依次排开。

2 安装就位后，先初步固定在支架上，然后对每段管安装位置、方向、坡向、甩口及变径进行复核，合格后将管道固定在支架上。

3 干管的变径，在分出支管后，其距离约等于大管直径，但不大于100mm。

4 热水管道穿过墙壁和楼板，应按设计要求加好套管及固定支架。套管一般采用镀锌钢板卷制，但卫生间、盥洗间、厨房、浴室等特殊房间必须使用钢制套管。

5 套管安装应随同管子同步进行，并将其预先套在管子上，固定在预留孔洞上，以防脱落。安装在楼板内的套管，其顶部应高出地面20mm，卫生间及厨房内其顶部高出地面50mm，底部应于楼板底面相平；安装在墙壁内的套管其两端与饰面齐平。穿过楼板的套管与管道之间缝隙应用油麻和防水油膏填实，穿墙套管宜用石棉绳等非易燃物填实并表面光滑。

6 伸缩器安装应按规定做好预拉伸，铜波形补偿器的直管长度不得小于100mm，翻身处高点要有放风、低点有泄水装置。

7 管径小于或等于100mm的镀锌管道应采用螺纹连接，被破坏的镀锌表层及外露螺纹部分应做防腐处理；管径大于100mm的镀锌钢管应采用焊接法兰或卡套式专用管件连接。管道安装完先做水压试验，无渗漏后编号再拆开法兰，对焊接处进行镀锌加工，然后按编号进行二次安装。

4.4.3 铜管安装

1 铜管连接可采用专用接头或焊接，当管径小于22mm时宜采用承插或套管焊接，承口的深度不应小于管径，套管长度应为2倍管径；当管径大于或等于22mm时宜采用对口焊接。铜管螺纹连接与焊接钢管的标准相同。

2 铜管的法兰连接形式一般有翻边活套法兰、平焊法兰和对焊法兰等，铜管法兰之间的密封垫片一般采用石棉橡胶板或铜垫片，具体选用应按设计要求。

3 铜管的焊接，当设计无明确规定时，紫铜管道的焊接宜采用手工钨极氩弧焊，铜合金管道宜采用氧-乙炔焊接。焊接时必须按焊接工艺规定的要求，正确使用焊具和焊件，严格遵守焊接操作规程。

4 铜管垂直或水平安装的支架间距应符合表 1-1 的规定。

铜管管道支架的最大间距   表 1-1

公称直径（mm）		15	20	25	32	40	50	65	80	100	125	150	200
支架的最大间距（m）	垂直管	1.8	2.4	2.4	3.0	3.0	3.0	3.5	3.5	3.5	3.5	4.0	4.0
	水平管	1.2	1.8	1.8	2.4	2.4	2.4	3.0	3.0	3.0	3.0	3.5	3.5

4.4.4 薄壁不锈钢管安装

1 薄壁不锈钢管采用卡压式连接、环压式连接、双卡压式连接或内插卡压式连接时，管材和管件的尺寸应配套，其偏差应在允许范围内。组对前，密封圈位置应正确。

2 薄壁不锈钢管道卡压式、环压式、双卡压式、内插卡压式连接应采用专用挤压工具，并应符合下列规定：

（1）当管道公称直径大于或等于 100mm 时，应采用电动工具或液压挤压工具；

（2）专用挤压工具应具备限位装置和紧急泄压阀，在发生误操作时应能随时采取紧急措施松开挤压钳口泄压；

（3）专用挤压工具的钳口应采用优质合金钢材质，并应经特殊热处理；

（4）专用挤压工具应操作便捷，增压和泄压过程应全自动控制，不得出现压接不稳定、不到位或过压现象；

（5）专用工具应采用全密封设计，在使用过程中不得出现漏油、失压等故障；

（6）专用挤压工具及压接钳口应轻便，宜采用一体化设计，宜一次成型；

（7）专用挤压工具应按薄壁不锈钢管材—管件—挤压钳三者同步配套开发。

3 薄壁不锈钢管道卡压式、环压式、双卡压式、内插卡压式连接应符合下列规定：

（1）应将密封圈套在管材上，插入承口的底端，然后将密封圈推入连接处的间隙；插入时不得歪斜，不得割伤、扭曲密封圈或使密封圈脱落；

（2）插口应插到承口的底端，且插入深度应符合要求；

（3）应采用专用工具进行挤压连接，挤压位置应在专用工具的钳口之下，挤压时专用工具的钳口应与管件或管材靠紧并垂直；

（4）管道工程直径大于或等于 80mm 的管材与管件的环压连接，还应挤压第二道锁紧槽；挤压第二道锁紧槽时，应将环压工具向管件中心方向移动一个密封带长度，再进行挤压连接；

（5）挤压时严禁使用润滑油；

（6）挤压专用工具的模块必须成组使用。

4 薄壁不锈钢管与阀门、水表、水嘴等的连接应采用转换接头。严禁在薄壁不锈钢水管上套丝。

5 连接后应对连接处进行检查，并应符合下列规定：

（1）连接周圈的压痕应凹凸均匀，且应紧密，不得有间隙。

（2）挤压部位的形状和尺寸应采用专用量规进行检查，并应符合下列规定：

1）卡压式连接、双卡压式连接、内插卡压式连接形状应为六边形，并应采用六角量规进行尺寸确认；

2）环压式连接形状应为圆形，并可采用普通量规进行尺寸确认。

（3）当发现连接处插入不到位时，应将接头部位切除后重新连接。

（4）当发现连接处挤压不到位时，应先检查专用工具是否完好，如工具有损，则应进行修复，然后对挤压不到位的连接再进行一次挤压，挤压完成后应再次用量规进行检查确认。

（5）当与转换螺纹接头连接时，应在旋紧螺纹到位后再进行挤压连接。

6 薄壁不锈钢管道固定支架的间距不宜大于15m。

7 薄壁不锈钢管道的滑动支架的最大间距应符合表1-2的规定。

薄壁不锈钢管道的滑动支架的最大间距　　　　　　　表 1-2

管道公称直径（mm）	滑动支架最大间距（m）	
	水平管	立管
10～15	1.0	1.5
20～25	1.5	2.0
32～40	2.0	2.5
50～80	2.5	3.0
100～300	3.0	3.5

8 采用碳钢金属管卡或吊架时，金属管卡或吊架与管道之间应采用塑料带或橡胶等软物隔垫。

4.5 立管安装

4.5.1 立管明装

1 每层从上至下统一吊线安装卡件，将预制好的立管按编号分层排开，按顺序安装，对好调直时的印记。

2 螺纹连接时，应朝向旋紧方向一次拧紧，不得再倒回。拧紧后的螺纹丝扣应露出 2～3 扣，清除外露麻头，校核预留甩口的高度、方向和位置是否正确。被破坏的镀锌层表面及外露丝扣应做好防腐处理，一般为一道樟丹、两道面漆。

3 给水立管和装有 3 个或 3 个以上配水点的支管始端，均应安装可拆卸的连接件。

4 支管甩口均加好临时丝堵。立管阀门安装朝向应便于操作和修理。安装完后用线坠吊直找正，配合土建堵好楼板洞。

4.5.2 立管安装

1 竖井内立管一般应在结构模板拆除、竖井隔墙未砌前安装。竖井内立管安装的卡件宜在管井口设置型钢，上下统一吊线安装卡件，对同一竖井内的同一位置管子，应根据操作条件来确定安装顺序。

2 需设置套管的管道，在就位时，应将套管套上，而后将套管固定。

3 在竖井中安装保温立管时，在立管上焊上一个三角铁，支在水平支架上，并在三角铁与支架之间垫以橡胶绝缘垫，厚度 3～5mm。

4 安装在墙内的立管应在结构施工中预留管槽，立管安装后吊直找正，用卡件固定。

5 支管的甩口应露明并加好临时丝堵。

4.6 支管安装

4.6.1 先在墙面上弹出支管位置线，将预制好的支管从立管甩口处依次逐段进行安装；有阀门的，应将阀门盖卸下再安装，根据管道长度适当加设临时固定卡。

4.6.2 核定不同卫生器具的冷热水预留口高度、位置是否正确，找平找正后栽支管卡件，去掉临时固定卡，上好临时丝堵。

4.6.3 支管如装有水表先装上连接管，试压后在交工前拆下连接管，安装水表。

4.6.4 支管暗装

1 确定支管高度后画线定位，剔出管槽。

2 将预制的支管敷在槽内，找平找正后用钩钉固定。

3　卫生器具的冷热水预留口要做在明处，加好丝堵。

4.6.5　冷、热水管道同时安装应符合下列规定：

1　上、下平行安装时，热水管应在冷水管上方。

2　垂直平行安装时，热水管应在冷水管左侧。

4.6.6　给水水平管道应有 2/1000～5/1000 的坡度坡向泄水装置。

4.7　管道试压

4.7.1　管道试压一般分单项试压和系统试压两种。单项试压是在干管铺设完或隐蔽部位的管道安装完毕，按设计要求进行水压试验；系统试压是在全部干、立、支管安装完毕，按设计要求进行水压试验，水压试验范围的划分应与检验批相对应。

4.7.2　管道水压试验，当设计无规定时，各种材质的给水管道系统试验压力均为工作压力的 1.5 倍，但不得小于 0.6MPa。管道系统在试验压力下观测 10min，压力降应不大于 0.02MPa，然后降至工作压力检查，无渗漏为合格。

4.7.3　热水供应系统安装完毕，管道保温之前应进行水压试验。当设计无规定时，热水供应系统水压试验压力应为系统顶点的工作压力加 0.1MPa，同时在系统顶点的试验压力不小于 0.3MPa。管道系统在试验压力下 10min 内压力降不大于 0.02MPa，然后降至工作压力检查，压力应不下降，且无渗漏。

4.7.4　连接试压泵一般设在首层或室外管道入口处。试验压力以系统最低处为准。使用的压力表精度不应低于 1.6 级，量程应在压力试验压力的 1.5～2 倍，且在合格的检定周期内。

4.7.5　试压前应将预留口堵严，关闭入口总阀门、所有泄水阀门和低处放风阀门，打开各分路及主管阀门和系统最高处的放风阀门。

4.7.6　打开水源阀门，往系统内充水，满水后排净空气，并将阀门关闭。

4.7.7　检查全部系统，如有漏水处应做好标记，并进行处理，修好后再充满水进行加压；如管道不渗漏，并持续到规定时间，压力降在允许范围内，应通知有关人员验收并办理交接手续，最后把水泄净。

4.7.8　冬期施工期间竣工而又不能及时供暖的工程进行系统试压时，必须采取可靠措施把水泄净，以防冻坏管道和设备。

4.8　管道系统冲洗

管道在试压合格后或交付使用前进行冲洗。冲洗时，以系统内可能达到的最大压力和流量进行连续冲洗，以出口处的水色和透明度与入口处目测一致为合格。冲洗合格后办理验收手续。

4.9 管道防腐和保温

4.9.1 管道防腐：给水管道铺设与安装的防腐均按设计要求及国家验收规范施工。所有型钢支架及管道镀锌层破损处和外露丝扣要补刷防锈漆。

4.9.2 管道保温：给水管道的保温有管道防冻保温、管道防热损失保温和管道防结露保温三种形式，其保温材质及厚度均按设计要求，具体操作详见本书《管道及设备保温》的相关内容。

5 质量标准

5.1 主控项目

5.1.1 生活给水系统管道在交付使用前必须进行冲洗和消毒，并经有关部门取样检验，符合国家《生活饮用水卫生标准》GB 5749—2006 方可使用。

5.1.2 隐蔽管道和给水系统的水压试验结果必须符合设计要求和施工质量验收规范规定。

5.1.3 给水系统竣工后或交付使用前，必须进行通水试验并做好记录。

5.1.4 热水供应系统竣工后或交付使用前必须进行吹洗。

5.1.5 室内直埋给水管道（塑料管道和复合管道除外）应做好防腐处理。埋地管道防腐层材质和结构应符合设计要求。

5.1.6 热水管道的补偿。

5.2 一般项目

5.2.1 管道安装坡度应符合设计规定。

5.2.2 管道及管件焊接的焊缝外形尺寸应符合图纸和工艺文件的规定，焊口平直，焊波均匀一致，焊缝表面不得有裂纹、未熔合、结瘤、夹渣、弧坑和气孔等缺陷。

5.2.3 金属管道的承插和套箍接口结构及所有填料符合设计要求，灰口密实饱满，胶圈接口平直无扭曲，对口间隙准确，环缝间隙均匀，灰口平整、光滑，养护良好。

5.2.4 管道支（吊、托）架、管座（墩）的安装位置及构造正确，埋设平正牢固，排列整齐。支架与管道接触紧密。铜管与管道支架之间应支撑面接触良好，移动灵活。薄壁不锈钢管与碳钢金属管卡或吊架间应采用塑料带或橡胶等软物隔垫。

5.2.5 阀门安装：型号、规格、耐压和严密性试验符合设计要求及施工质量验收规范规定；位置、方向正确，连接牢固、紧密，启闭灵活，朝向合理，表面洁净。

5.2.6 给水管道和阀门安装的允许偏差应符合表 1-3 的规定。

给水管道和阀门安装的允许偏差　　　　　　　　　　表 1-3

项次	项目			允许偏差（mm）
1	水平管道纵横方向弯曲	钢管	每米	1
			全长 25m 以上	≤25
		塑料复合管	每米	1.5
			全长 25m 以上	≤25
		铸铁管	每米	2
			全长 25m 以上	≤25
2	立管垂直度	钢管	每米	3
			5m 以上	≤8
		塑料复合管	每米	2
			5m 以上	≤8
		铸铁管	每米	3
			5m 以上	≤10
3	成排管段和成排阀门	在同一平面上间距		3

5.2.7 热水供应管道安装的允许偏差应符合表 1-4 的规定。

热水供应管道安装的允许偏差　　　　　　　　　　表 1-4

项次	项目			允许偏差（mm）
1	横管道纵、横方向弯曲（mm）	每米	管径≤100mm	1
			管径>100mm	1.5
		全长（25m 以上）	管径≤100mm	≤13
			管径>100mm	≤25
2	立管垂直度（mm）	每米		2
		全长（5m 以上）		≤10
3	弯管	椭圆率 $\dfrac{D_{max}-D_{min}}{D_{max}}$	管径≤100mm	10%
			管径>100mm	8%
		折皱不平度（mm）	管径≤100mm	4
			管径>100mm	5

注：D_{max}、D_{min} 分别为管子最大外径及最小外径。

6 成品保护

6.0.1 安装好的管道不得用作支撑或放脚手板，不得踏压，其支托架不得作为其他用途的受力点。

6.0.2 中断施工时，管口一定要做好临时封闭工作。

6.0.3 管道在土建喷浆前要加以保护，防止灰浆污染管道。

6.0.4 铜管在安装过程中应防止管道表面被砂石或其他硬物划伤。

6.0.5 不锈钢管防止与黑色金属接触，防止污染不锈钢管道。

7 注意事项

7.1 应注意的质量问题

7.1.1 管道镀锌层损坏。

7.1.2 立管甩口高度不准确。

7.1.3 立管距墙不一致或半明半暗。

7.1.4 热水立管的套管向下漏水。

7.2 应注意的安全问题

7.2.1 在竖井内安装管道时，必须有安全网等防护设施及相应措施，以免管子及其他杂物从管井中落下伤人。

7.2.2 管井内管道进行焊接时，必须有防火等安全措施，防止火花从上落下引起火灾。

7.2.3 管道对口操作时，严禁将手放在对口管口或法兰连接内侧，搬移、串动管子时人员动作要一致。

7.2.4 薄壁不锈钢管道采用专用工具进行挤压时，工具上应有限位装置和紧急泄压阀，防止超压或其他危险。

7.3 应注意的绿色施工问题

7.3.1 管道切割时产生的噪音应有效控制；施工中边角料及时回收。

7.3.2 管道的冲洗和消毒废液应采取一定的处理措施后排放至指定地点，防止污染环境。

8 质量记录

8.0.1 材料出厂合格证和材质证明书。

8.0.2　给水、热水管道单项试压记录。

8.0.3　给水、热水管道隐蔽工程检查验收记录。

8.0.4　给水、热水管道系统试压记录。

8.0.5　给水、热水管道系统冲洗记录。

8.0.6　给水、热水管道系统通水记录。

8.0.7　热水系统调试记录。

8.0.8　分部、子分部、分项、检验批工程质量验收记录。

第 2 章　室内采暖管道安装

标准适用于饱和蒸汽压力不大于 0.7MPa、热水温度不超过 130℃ 的室内采暖管道安装工程。

1　引用标准

《建筑给水排水及采暖工程施工质量验收规范》GB 50242—2002

2　术语（略）

3　施工准备

3.1　作业条件

3.1.1　干管安装：位于地沟内的干管，应在地沟内的杂物清理干净、支（托）吊架安装完毕，未盖沟盖板前进行安装。位于楼板下及顶层的干管，应在结构封顶后，管支（托）吊架安装稳固后进行安装。

3.1.2　立管安装：必须在确定地面标高后进行。

3.1.3　支管安装：必须在墙面抹灰完毕及散热器就位后进行。

3.2　材料及机具

3.2.1　管材：焊接钢管、无缝钢管。管材不得有弯曲、锈蚀、重皮及凹凸不平现象。管材应有产品质量证明书。

3.2.2　管件：无偏扣、断丝或角度不准等缺陷。

3.2.3　阀门：阀门的规格型号应符合设计要求。阀体表面光洁、无裂纹、开关灵活严密、填料密封完好无渗漏，应有产品质量证明书。

3.2.4　附属装置：减压器、疏水器、过滤器、补偿器等应符合设计要求，并有产品质量证明书和产品说明书。

3.2.5　其他材料：型钢、圆钢、管卡子、螺栓、螺母、油麻、衬垫、焊条

14

等，应符合设计要求。

3.2.6　主要机具：套丝机、砂轮锯、台钻、电锤、手电钻、电动试压泵、套丝扳、压力案、管钳、手锤、手锯、煨弯器、手压泵、台虎钳、电气焊工具、活扳手、倒链等、水平尺、钢卷尺、线坠、小线、压力表、錾子等。

4　操作工艺

4.1　工艺流程

安装准备 → 干管安装 → 附属装置安装 → 立管安装 → 支管安装 →

试压冲洗 → 防腐保温 → 运行调试

4.2　安装准备

4.2.1　认真熟悉图纸，配合土建施工进度及时插入，并认真、准确地配合土建预留槽洞及安装预埋件。

4.2.2　按设计图纸画出管路的位置、管径、变径、预留口、坡向、卡架等施工草图，包括导管起点、末端和拐弯、节点、预留口、坐标位置等。

4.3　干管安装

4.3.1　按照施工草图进行管段的加工预制，并经核对无误后按环路分组编号，码放整齐。

4.3.2　安装托架上的管道时，先把管就位在托架上，从第一节管开始依次安装好 U 形卡，紧固螺栓。吊卡安装时，先把吊杆按坡向、顺序依次穿在型钢上，吊环按间距位置套在管上，再把管抬起穿上螺栓，拧紧螺母，将管固定。

4.3.3　干管安装应从进户或分支路点开始，装管前要检查管腔并清理干净。

4.3.4　分路阀门离分路点不宜过远，如分路处是系统的最低点，必须在分路阀门前加泄水丝堵。排气管应引到盥洗间、卫生间的污水池（槽）内等处，如排出室外，排出口要加弯头垂直向下排气。排出口距室外墙面 300mm 以上。

4.3.5　钢管的管径小于或等于 32mm 时，应采用螺纹连接。丝接头处应涂好铅油缠好麻，一人在末端扶平管道，一人在接口处把管平稳对准丝扣，慢慢转动入扣，用管钳转动管至松紧适度，要求丝扣外露 2～3 扣，并清掉麻头。按此方法依次安装。

4.3.6　钢管的管径大于 32mm 时，应采用焊接。先把管子选好调直，清理

15

干净管腔。安装时从第一节开始，把管就位把正，对准连接管口，找直后用气焊点焊固定（管径≤50mm点2点，管径≥70mm点3点），然后施焊。焊完后应保证管道正直。

4.3.7 管道穿过伸缩缝或过沟处，必须先穿好套管。

4.3.8 主管与导管连接的分支处应采用羊角弯。羊角弯可用 $R=3.5D$ 外的热煨弯头或 $R=4D$ 外的冷煨弯头组装。羊角弯一侧的两个90°弯头宜用整根管热煨而成，具体做法见图2-1。羊角弯结合部位的口径必须与主管口一致，管道变径不得在羊角弯上，变径管边缘与弯管起点的距离应大于3倍的大管外径。

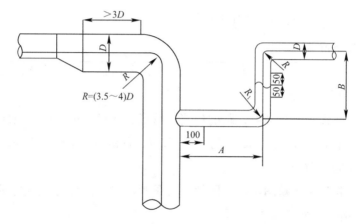

尺寸 管径	A		B	
	热煨 $R_1=3.5D$	冷煨 $R=4D$	热煨 $R_1=3.5D$	冷煨 $R=4D$
DN40	270	295	440	485
DN50	310	340	520	580
DN65	365	405	630	705
DN80	410	455	720	810
DN100	500	560	900	1015

图 2-1 羊角弯做法

4.3.9 管道水平安装坡度应符合设计要求。当设计未注明时，热水采暖及汽水同向流动的蒸汽管道和凝结水管道，应采用 $i=0.003$ 的坡度；汽水逆向流动的蒸汽管道坡度应加大到 $i=0.005\sim0.01$。

4.3.10 干管变径应采用偏心变径管，蒸汽干管应底平偏心连接，热水干管应顶平偏心连接，凝结水管的变径为同心。变径长度要求：

1 如两管管径相差不超过小管径的 15%，可将大管端部直接缩小，与小管对口焊接，变径长度应不小于大管外径。

2 如两管管径差大于小管径的 15%，应将大管端部抽条加工成变径管，变径长度应是 5～7 倍的大小管径之差，即：$L=5\sim7\,(D_大-D_小)$

4.3.11 干管中心距墙表面距离应为 100～150mm。

4.3.12 管道安装完，应检查坐标、标高、预留口位置、管道变径及坡度是否正确。调整合格后填堵过墙管洞口，在预留口处加装临时管堵。

4.4　附属装置安装

4.4.1 方形补偿器安装

1 方形补偿器在安装前，应检查补偿器时候符合设计要求，补偿器的三个臂是否在一个水平上。安装时用水平尺检查，调整支架，使方形补偿器位置、标高正确，坡度符合规定。

2 方形补偿器通常成水平安装，水平安装时平行臂应与管线坡度相同，垂直安装时应在最高点设放风阀，低点处设疏水器。

3 设计无规定时，方形补偿器两侧第一个支架宜设置在距补偿器起弯点 0.5～1.0m 处。

4 方形补偿器安装就位后，应做好预拉伸。预拉伸前应具备下列条件：

（1）预拉伸区域内固定支架间所有焊缝（预拉口除外）已焊接完毕，需热处理的焊缝已作处理，并经检验合格。

（2）预拉伸区域支、吊架已安装完毕，管子与固定支架已固定，顶拉口附近的支吊架已预留足够的调整余量，支吊架的弹簧已按设计值压缩，并临时固定，不使弹簧承受管道载荷。

（3）预拉伸区域内的所有连接螺栓已拧紧。

5 采用拉管器进行冷拉时，其操作方法是将拉管器的法兰管卡紧紧卡在被预拉焊口的两端，穿在两个法兰管卡之间的几个双头长螺栓作调整及拉紧用，将预留间隙对好并用短角钢卡住即可，然后拧紧螺栓使管口对齐点焊。焊接完毕待管道紧固到固定支架上以后，才能拆掉拉管器，见图 2-2（a）。

6 采用千斤顶顶撑时，将千斤顶横放在补偿器的两臂间，加好支撑及垫块，然后启动千斤顶，使预拉伸焊口靠拢至要求的间隙。焊口找正、对平，管口施焊。只有当两端预拉口焊完后，才可将千斤顶拆除，见图 2-2（b）。

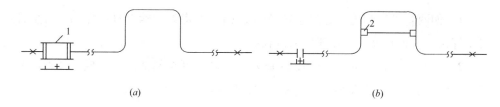

(a)   (b)

图 2-2　方形补偿器冷拉

1—拉管器；2—千斤顶

4.4.2　套管补偿器安装

1　套管补偿器应安装在固定支架近旁，并将外套管一端朝向管道的固定支架，内套管一端与产生热膨胀的管道相连接，见图 2-3。

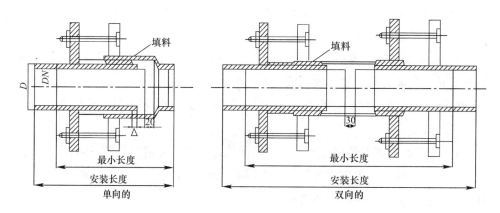

图 2-3　套筒补偿器安装

2　套筒补偿器的预拉

伸长度应根据设计要求，设计无要求时按表 2-1 的要求预拉伸。预拉伸，先将补偿器的填料压盖松开，将内套管拉出预拉伸的长度，然后将填料压盖拧紧。

套筒补偿器预拉长度表　　　　　　　　　　　　　　表 2-1

补偿器规格（mm）	15	20	25	32	40	50	65	75	80	100	125	150
拉出长度（mm）	20	20	30	30	40	40	56	56	59	59	59	63

3　套筒补偿器的安装应与管道保持同心，在靠近补偿器的两侧，至少各有一个导向支座，以保证运行时自由伸缩，不偏离中心。

4　套筒补偿器的填料应采用涂有石墨粉的石棉盘根或浸过机油的石棉绳，绳直径不小于补偿器内外套间隙，并逐圈装入、逐圈压紧，各圈接口应相互错开。压盖的松紧程度在试压运行时进行调整，以不漏水、不漏气，内套管又能伸缩自如为宜。

4.4.3　波形补偿器安装

1　安装前应了解补偿器出厂前是否已做过预拉伸，如未进行应按设计要求进行预拉伸。在固定的卡架上，将补偿器的一端用螺栓紧固，另一端可用倒链卡住法兰，然后慢慢按预拉长度进行冷拉。冷拉拉力应分 2～3 次逐步增加，应保证各波节圆周面受力均匀。拉伸量的偏差应小于 5mm，拉伸到规定长度后，应立即安装固定。

2　补偿器安装时，卡架不能吊在波节上，安装时应与管道保持同心。内套有焊缝的一端，水平管道应迎向介质流向安装，垂直管道应置于上部。

4.4.4　减压阀安装

1　减压阀安装时，减压阀前的管径应与阀体的直径一致，减压阀后的管径可比阀前的管径大 1～2 号。

2　减压阀的阀体必须垂直安装在水平管路上，阀体上的箭头必须与介质流向一致。减压阀两侧应安装阀门，采用法兰截止阀连接。

3　减压阀前后均匀应安装压力表，并设旁通管和疏水装置，阀后低压侧管道上应安装安全阀。

4　减压阀及安全阀安装完毕后应根据系统工作压力进行调试，并做出标志。

5　减压阀组安装见图 2-4。

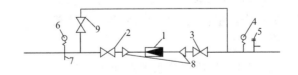

图 2-4　减压阀组安装

1—减压器；2、3—减压阀前后切断阀；4、6—减压阀前后压力表；

5—安全阀；7—疏水装置；8—异径管；9—旁通管阀

4.4.5　疏水器安装

1　疏水器应安装在便于检修的地方，并应尽量靠近用热设备凝结水排出口下。蒸汽管道疏水时，疏水器应安装在低于管道的位置。

2 安装时，应按设计设置好旁通管、冲洗管、检查管、止回阀和除污器等。

3 疏水器的进出口位置要保持水平，不可倾斜安装。疏水器阀体上的箭头应与凝结水的流向一致，疏水器的排水管径不能小于进口管径。

4 疏水器组合布置见图 2-5。

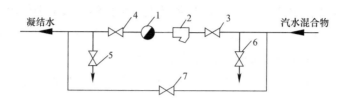

图 2-5　疏水器组合布置

1—疏水器；2—除污器；3、4、5、6—阀门；7—旁通管阀门

4.5　立管安装

4.5.1 核对各层预留孔洞位置是否正确，吊线、剔眼、栽卡子。将预制好的管道按编号顺序运到安装地点。

4.5.2 检查立管的每个预留口标高、方向、抱弯等准确、平正。将事先栽好的管卡子松开，把管放入卡内拧紧螺栓，然后填堵孔洞，预留口必须加好临时堵头。

4.5.3 安装前先卸下阀门盖，有钢套管的先穿到管上，按编号从第一节开始安装。涂铅油缠麻，将立管对准接口转动入口，用管钳拧到松紧适度，丝扣外露 2～3 扣，并清理麻头。

4.5.4 主管与分支管焊接连接时，支管管端应加工成马鞍形，插入主管的管孔中应和主管内壁平齐，主管上开孔尺寸不得小于支管外径而将支管对接在主管表面。

4.5.5 立管安装尺寸一般应符合表 2-2 的规定。

立支管安装尺寸　　　　　　　　　表 2-2

立支管中心距离墙抹灰面（mm）	双立管中心距离（mm）	立管阀门距地高度（mm）	立管卡子距地高度（mm）	水平支管托卡
管径 32mm 以内	35～40	80	单层：1400 多层：距离管中心不小于 350	1800	长度超过 1.5m 中间应设卡托一个
管径 40～50mm	50～55	—			

4.6　支管安装

4.6.1　检查散热器安装位置及立管预留口是否准确，量出支管尺寸和灯叉弯的大小（散热器中心距离与立管预留口中心距之差）。

4.6.2　配支管时，按量出直管的尺寸减去灯叉弯的量，然后断管、套丝、煨灯叉弯和调直。等叉弯两头抹铅油缠麻，装好活接头，连接散热器，把麻头清理干净。

4.6.3　用钢尺、水平尺、线坠校对支管的坡度（支管坡度应为 1%）及平行距离尺寸，并复查立管及散热器有无移动。支管安装尺寸一般应符合表 2-2 的规定。

4.7　试压冲洗

4.7.1　采暖系统安装完毕，管道保温之前应进行水压试验。试验压力应符合设计要求。当设计未注明时，应符合下列规定：

1　蒸汽、热水采暖系统，应以系统顶点工作压力加 0.1MPa 做水压试验，同时在系统顶点的试验压力不小于 0.3MPa。

2　高温热水采暖系统，试验压力应为系统顶点工作压力加 0.4MPa。

3　使用塑料管及复合管的热水采暖系统，应以系统顶点工作压力加 0.2MPa 做水压试验，同时在系统顶点的试验压力不小于 0.4MPa。

4.7.2　系统试压合格后，应对系统进行冲洗，并清扫过滤器及除污器。

4.7.3　系统冲洗完毕应充水、加热，进行试运行和调试。

4.8　防腐保温

采暖管道的防腐保温按设计要求进行，具体操作见本书《管道及设备防腐》和《管道及设备保温》的相关内容。

4.9　运行调试

4.9.1　首先连接好热源，根据供暖面积确定通暖范围，进行人员分工，检查供暖系统中的泄水阀门是否关闭，干、立、支管的阀门是否打开。

4.9.2　向系统内充软化水。充水时先打开系统最高点的排气阀，安排专人看管。慢慢打开系统回水干管的阀门，待最高点的放空阀见水后即关闭放空阀。再开总进口的供水管阀门，高点放空阀要反复开放几次，至系统中的空气排净。

4.9.3　正常运行半小时后，开始检查全系统，遇到不热处应先查明原因，需冲洗检修时，则关闭供回水阀门泄水，然后分别打开供回水阀门放水冲洗，冲净后再按照上述程序通暖运行，直到正常为止。

4.9.4 冬季通暖时，室温在＋5℃以上才可运行，否则应采取临时取暖措施。如热度不均，应调整各分路立管、支管上的阀门，使其基本达到平衡后，进行正式检查验收，并办理验收手续。

5 质量标准

5.1 主控项目

5.1.1 隐蔽管道和管道系统的水压试验及冲洗，应符合设计要求。

5.1.2 管道安装坡度和坡向应符合设计要求。

5.1.3 补偿器的型号、安装位置、预拉伸、管道固定支架的构造及安装位置，应符合设计要求。

5.1.4 平衡阀及调节阀型号、规格、公称压力、安装位置应符合设计要求。

5.1.5 减压阀和管道、设备上安全阀的型号、规格、公称压力、安装位置应符合设计要求。

5.2 一般项目

5.2.1 疏水器、除污器、过滤器及阀门的型号、规格、公称压力、安装位置应符合设计要求。

5.2.2 管道的对口焊缝处及弯曲部位严禁焊接支管，接口焊缝距起弯点、支吊架边缘必须大于50mm。

5.2.3 钢管管道焊口表面无烧穿、裂纹和明显结瘤、夹渣、气孔等缺陷，焊波均匀一致。焊口允许偏差应符合表2-3的规定。

钢管管道焊口允许偏差 表2-3

项次	项目			允许偏差
1	焊口平直度	管壁厚10mm以内		管壁厚1/4
2	焊缝加强面	高度		＋1mm
		宽度		
3	咬边	深度		小于0.5mm
		长度	连续长度	25m
			总长度（两侧）	小于焊缝长度的10%

5.2.4 管道、金属支架和设备的防腐、涂漆应附着良好，无脱皮、气泡和

22

漏涂，漆膜厚度均匀，色泽一致，无流淌及污染现象。

5.2.5 采暖管道安装的允许偏差应符合表 2-4 的规定。

采暖管道安装的允许偏差　　　　表 2-4

项次	项目			允许偏差（mm）
1	水平管道纵、横方向弯曲（mm）	每 1m	管径≤100mm	1
			管径>100mm	1.5
		全长（25m 以上）	管径≤100mm	≤13
			管径>100mm	≤25
2	立管垂直度（mm）	每 1m		2
		全长（5m 以上）		≤10
3	弯管	椭圆率 $\frac{D_{max}-D_{min}}{D_{max}}$	管径≤100mm	10%
			管径>100mm	8%
		折皱不平度（mm）	管径≤100mm	4
			管径>100mm	5
4	减压阀、疏水器、除污器、蒸汽喷射器	几何尺寸（mm）		10

注：D_{max}、D_{min} 分别为管子最大外径及最小外径。

5.2.6 管道和设备保温安装的允许偏差应符合表 2-5 的规定。

管道和设备保温安装的允许偏差　　　　表 2-5

项次	项目		允许偏差（mm）
1	厚度		$+0.1\delta$，-0.05δ
2	表面平整度	卷材	5
		涂抹	10

注：δ 为保温层厚度。

6 成品保护

6.0.1 安装好的管道不得用作吊拉负荷和支撑，也不得蹬踩。

6.0.2 搬运材料、机具及施焊时，要有具体防护措施，不得将已做好的墙面和地面污染、损坏。

6.0.3 各种附属装置及器具，应加装保护盖或挡板等保护措施。阀门的手轮卸下保管好，交工时统一装好。

7 注意事项

7.1 应注意的质量问题

7.1.1 管道安装坡度不够或倒坡。

7.1.2 立管不垂直。

7.1.3 套管在过墙两侧过预制板下面外露。

7.1.4 系统不热。

7.1.5 附属装置不平正。

7.2 应注意的安全问题

7.2.1 管道吊装前，支、吊架必须已安装牢固，管子吊装就位后应立即用管卡固定，确认稳固后方可松开吊具。

7.2.2 在平滑地面登梯作业时，梯脚应有防滑措施，梯子与地面斜角以 $60°\sim70°$ 为宜，梯下应有人监护。

7.2.3 管道对口操作时，严禁将手放在对口管口活法兰连接内侧，搬移、串动管子时人员动作一致。

7.2.4 使用电锤、角向磨光机、电焊机等电动工具时，应设置单独专用开关，按规定接地或接零，电气线路绝缘良好。遇临时停电或停止工作时应拉闸断电，并对其上锁。

7.3 应注意的绿色施工问题

7.3.1 施工中产生的边角料、废料及拆除的废旧管材应及时回收，不得按一般垃圾处理。

7.3.2 管道的试压、冲洗废液应采取一定的处理措施后排放至指定地点，防止污染环境。

8 质量记录

8.0.1 材料设备产品质量证明书。

8.0.2 材料设备进厂验收和试验记录。

8.0.3 伸缩器预拉伸记录。

8.0.4 管道系统试压记录。

8.0.5 管道隐蔽记录。

8.0.6 管道系统冲（吹）洗记录。

8.0.7 系统调试记录。

8.0.8 分部、子分部、分项、检验批工程质量验收记录。

第3章　建筑给水聚丙烯管道安装

本工艺标准适用于工业与民用建筑内生活给水、热水和饮用净水管道的施工。无规共聚聚丙烯（PP-R）管道系统的设计压力不大于 1.0MPa，设计温度不低于 0℃且不高于 70℃；耐冲击共聚聚丙烯（PP-B）管道系统的工作压力不大于 1.0MPa，设计温度不低于 0℃且不高于 40℃。

1　引用标准

《建筑给水排水及采暖工程施工质量验收规范》GB 50242—2002
《冷热水用聚丙烯管道系统》GB/T 18742—2017

2　术语

2.0.1　无规共聚聚丙烯（PP-R）：丙烯和另一种烯烃单体（或多种烯烃单体）共聚而成的无规共聚物，烯烃单体中无烯烃外的其他官能团。

2.0.2　耐冲击共聚聚丙烯（PP-B）：也称为嵌段共聚聚丙烯，由均聚聚丙烯 PP-H 和（或）无规共聚聚丙烯 PP-R 与橡胶相形成的两相或多相丙烯共聚物。橡胶相是由丙烯和另一种烯烃单体（或多种烯烃单体）的共聚物组成。该烯烃单体中无烯烃单体外的其他官能团。

3　施工准备

3.1　作业条件

3.1.1　施工图纸及有关技术规范文件齐全，已进行图纸技术交底，施工要求明确。

3.1.2　施工方案已编制、审批完毕，管材、管件、专用热（电）熔机具供应等施工条件具备。

3.1.3　施工人员已经过聚丙烯管道安装的技术培训。

3.1.4 施工用地及材料贮放场地等临时设施和施工用水用电能满足施工需要。

3.1.5 土建已提供施工作业面，预留洞口、沟槽已预检合格，室内标高线已完成。

3.2　材料及机具

3.2.1 聚丙烯管材、管件应符合国家标准《冷热水用聚丙烯管道系统》GB/T 18742 的要求，应具有权威检测机构有效的形式检测报告及生产厂家的质量合格证。

3.2.2 管材上应标明原料名称、规格、生产日期和生产厂名或商标；管件上应标明原料名称、规格和商标，包装上应标有批号、数量和生产日期。

3.2.3 管道采用热熔或电熔连接时，应由管材生产厂提供或确认专用配套的熔接机具或电熔管件。熔接机具应安全可靠，便于操作，并附有产品合格证书和使用说明书。

3.2.4 管道采用螺纹或法兰连接时，应由生产厂提供专用的管配件。

3.2.5 同一工程应采用同一厂家、同一批原料生产的管材和管件。

3.2.6 管材和管件的外观质量应符合下列规定：

1 管材和管件应不透光，其内壁应光滑、平整，壁厚应均匀，无气泡、划痕和影响性能的表面缺陷，色泽宜一致。

2 管材端口应平整，且断面应垂直于管材的轴线。

3 管件应完整，无缺损、无变形，合模缝、浇口应平整、无裂纹，管件壁厚不应小于同一管系列 S 的管材壁厚。

4 冷水管、热水管宜有标志。

3.2.7 管材规格用 $dn \times en$（外径×壁厚）表示，不同管系列 S 的公称外径和公称壁厚应符合表 3-1 的规定。

管材管系列和规格尺寸（mm）　　　　　　　　　　　　表 3-1

公称外径 dn	平均外径		管系列				
			S5	S4	S3.2	S2.5	S2
	最小	最大	公称壁厚 en				
20	20.0	20.3	—	2.3	2.8	3.4	4.1
25	25.0	25.3	2.3	2.8	3.5	4.2	5.1
32	32.0	32.3	2.9	3.6	4.4	5.4	6.5

续表

公称外径 dn	平均外径		管系列				
			S5	S4	S3.2	S2.5	S2
	最小	最大	公称壁厚 en				
40	40.0	40.4	3.7	4.5	5.5	6.7	8.1
50	50.0	50.5	4.6	5.6	6.9	8.3	10.1
63	63.0	63.6	5.8	7.1	8.6	10.5	12.7
75	75.0	75.7	6.8	8.4	10.3	12.5	15.1
90	90.0	90.9	8.2	10.1	12.3	15.0	18.1
110	110.0	111.0	10.0	12.3	15.1	18.3	22.1

注：管材长度一般为 4m 或 6m，也可根据用户要求由供需双方协商确定，管材长度不应有负偏差。壁厚不得低于上表中的数值。

3.2.8 连接管件承口见图 3-1 和图 3-2。管件的承口尺寸与相应公称外径应符合表 3-2 和表 3-3 的规定。

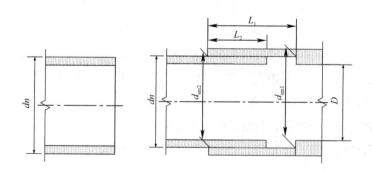

图 3-1 热熔承插连接管件承口

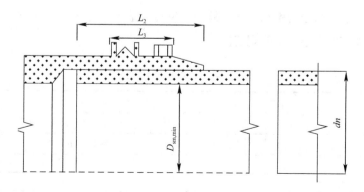

图 3-2 电熔连接管件承口

热熔承插管件承口尺寸与相应公称外径（mm）　　表 3-2

公称外径 de	最小承口长度 L_1	最小承插深度 L_2	承口的平均内径				最大不圆度	最小通径 D
			d_{sm1}		d_{sm2}			
			最小	最大	最小	最大		
20	14.5	11.0	18.8	19.3	19.0	19.5	0.6	13.0
25	16.0	12.5	23.5	24.1	23.8	24.4	0.7	18.0
32	18.1	14.6	30.4	31.0	30.7	31.3	0.7	25.0
40	20.5	17.0	38.3	38.9	38.7	39.3	0.7	31.0
50	23.5	20.0	48.3	48.9	48.7	49.3	0.8	39.0
63	27.4	23.9	61.1	61.7	61.6	62.2	0.8	49.0
75	31.0	27.5	71.9	72.7	73.2	74.0	1.0	58.2
90	35.5	32.0	86.4	87.4	87.8	88.8	1.2	69.8
110	41.5	38.0	105.8	106.8	107.3	108.5	1.4	85.4

注：表中的公称外径 de 指与管件相连的管材的公称外径，承口壁厚不应小于相同规格管材的壁厚。

电熔连接管件承口尺寸与相应公称外径（mm）　　表 3-3

公称外径 de	熔合段最小内径 $d_{sm,sim}$	熔合段最小长度 L_3	最小承插长度 L_2	
			最小	最大
20	20.1	10	20	37
25	25.1	10	20	40
32	32.1	10	20	44
40	40.1	10	20	49
50	50.1	10	20	55
63	63.2	11	23	63
75	75.2	12	25	70
90	90.2	13	28	79
110	110.3	15	32	85

注：此表中的公称外径 de 指与管件相连的管材的公称外径。

3.2.9　机具：管道切割机、热熔焊机、电熔焊机、电焊机、试压泵、短管器、管子剪、钢锯、刮刀、扳手、钳子、手锤、螺丝刀、工作台、水平尺、线坠、钢卷尺、钢板尺、角尺等。

4　操作工艺

4.1　工艺流程

安装准备 → 测量放线 → 贮运 → 管道敷设 → 管道连接 → 支吊架安装 →

试压 → 消毒、清洗

4.2　安装准备

根据施工方案确定的施工方法、技术交底的具体措施和本标准作业条件的要求做好施工准备工作。参看有关专业的施工图，核对各种管线的坐标、标高是否交叉，管道的空间排列是否合理。

4.3　测量放线

管道安装应测量好坐标、标高及坡度线。坐标、标高应从给定的水准点引入。

4.4　贮运

4.4.1　搬运管材和管件时，应包装良好、小心轻放、避免油污，严禁剧烈撞击、与尖锐物品碰触和抛、摔、滚、拖。

4.4.2　管材和管件应存放在通风良好的库房或简易棚内，不得露天存放，防止阳光直射，注意防火、远离热源。

4.4.3　管材应水平堆放在平整的地上，管件应逐层码放整齐，堆置高度不得超过 1.5m。

4.5　管道敷设

4.5.1　管道嵌墙暗敷宜配合土建预留沟槽，其尺寸设计无规定时，墙槽的深度为 $dn+(20\sim30)$mm、宽度为 $dn+(40\sim60)$mm。水平槽较长或开槽深度超过墙厚的 1/3 时，应征得结构专业的同意。凹槽表面应平整，不得有尖角等突出物，管道应有固定措施；管道试压合格后，墙槽用 M10 级水泥砂浆填补密实。当热水支管直埋时，其表面覆盖的 M10 砂浆层厚度不得小于 20mm。

4.5.2　管道暗敷在地坪面层内时，应按设计图纸位置敷设。如现场施工有更改，应有图示记录。

4.5.3　管道安装时，不得有轴向扭曲，穿墙或穿楼板时，不宜强制校正。建筑给水聚丙烯管与其他金属管道平行敷设时应有一定的保护距离，其净距不宜小于 100mm。

4.5.4　室内明装管道宜在土建粉饰完毕后进行，安装前应复核预留孔洞或预埋套管的位置的准确度。

4.5.5　管道穿越楼板时应设置套管，套管高出地面不应小于 50mm，并有防水措施。管道穿越屋面时，应采取严格的防水措施。穿越前端应设固定支架。

4.5.6　管道穿墙壁时应配合土建设置套管。

4.5.7　支管与干管连接时，应采取伸缩变形的补偿措施，如图 3-3 所示。

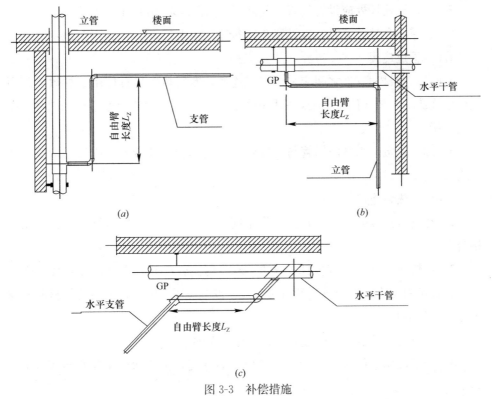

图 3-3　补偿措施

(*a*) 立管与支管连接；(*b*) 水平干管与立管连接；(*c*) 水平干管与水平支管连接

4.5.8 直埋在地坪面层以及墙体内的管道，应在封闭前做好试压和隐蔽工程的验收记录工作。

4.5.9 建筑物埋地引入管和室内埋地管敷设应符合下列要求：

1 室内地坪±0.00 以下管道敷设宜分两步进行。先进行地坪±0.00 以下至基础墙外壁段的敷设，待土建结构施工结束后，再进行户外连接管的敷设。

2 室内地坪以下管道敷设应在土建工程回填土夯实以后，重新开挖进行，不得在回填土之前或未经夯实的土层中敷设。

3 敷设管道的沟底应平整，不得有突出的尖硬物体。必要时敷设 100mm 厚的砂垫层。

4 埋地管道回填土时，管周回填土不得夹杂尖硬物直接与管壁接触。应先用砂或粒径不大于 12mm 的土回填至管顶上侧 300mm 处，经夯实后方可回填原土。室内埋地管道的埋置深度不宜小于 500mm。

5 管道出地坪处应设置套管，其高度应高出地坪 100mm。

6 管道在穿基础墙时，应设置金属套管。穿地下室外墙时，应设防水套管。

4.6 管道连接

4.6.1 管材和管件之间应采用热熔连接，专用热熔机具应由管材供应厂商提供或确认。安装部位狭窄处，采用电熔连接。直埋敷设的管道不得采用螺纹或法兰连接。

4.6.2 建筑给水聚丙烯管与金属管件或其他管材连接时，应采用螺纹或法兰连接。

4.6.3 热熔连接

1 热熔机具接通电源，到达工作温度（260±20℃）、指示灯亮后方能用于接管。

2 连接前管材端部宜去掉 40~50mm，切割管材时，应使端面垂直于管轴线。管材切割宜使用管子剪或管道切割机，也可使用钢锯，切割后的管材断面应去除毛边和毛刺。

3 管材与管件连接端面应清洁、干燥、无油。

4 用卡尺和笔在管端测量并标绘出承插深度，承插深度不应小于表 3-4 的要求。

5 加热时间、加工时间及冷却时间应按热熔机具生产厂家的要求进行。如无要求时，可参照表 3-4。

热熔连接技术要求　　　　　　　　　　　表 3-4

公称外径（mm）	最小承插深度（mm）	加热时间（s）	加工时间（s）	冷却时间（min）
20	11.0	5	4	3
25	12.5	7	4	3
32	14.6	8	4	4
40	17.0	12	6	4
50	20.0	18	6	5
63	23.9	24	6	6
75	27.5	30	10	8
90	32.0	40	10	8
110	38.0	50	15	10

注：本表适用的环境温度为20℃。低于该环境温度，加热时间适当延长，如环境温度低于5℃，加热时间宜延长50%。

6 熔接弯头或三通时，按设计图纸要求，应注意其方向，在管件和管材的直线方向上，用辅助标志标出其位置。

7 连接时，无旋转地把管端插入热套内，插到所标志的深度，同时无旋转地把管件推到加热头上，达到规定标志处。

8 达到加热时间后，立即把管材与管件从加热套与加热头上同时取下，迅速无旋转地直线均匀插入到所标深度，使接头处形成均匀凸缘。

9 在规定的加工时间内，刚熔接好的接头还可以校正，但不得旋转。

4.6.4 电熔连接

1 应保持电熔管件与管材的熔合部位不受潮。

2 电熔承插连接管材的连接端应切割垂直，并应用洁净棉布擦净管材和管件连接面上的污物，标出承插深度，刮除其表皮。

3 校直两对应的连接件，使其处于同一轴线上。

4 电熔连接机具与电熔管件的导线连接应正确。连接前，应检查通电加热的电压。

5 在熔合及冷却过程中，不得移动、转动电熔管件和熔合的管道，不得在连接件上施加任何外力。

6 电熔连接的标准加热时间应由生产厂家提供，并应随环境温度的不同而加以调整。电熔连接的加热时间与环境温度的关系应符合表3-5的规定。

电熔连接的加热时间与环境温度的关系 表3-5

环境温度（℃）	加热时间（s）	环境温度（℃）	加热时间（s）
−10	$t+12\%t$	+30	$t-4\%t$
0	$t+8\%t$	+40	$t-8\%t$
+10	$t+4\%t$	+50	$t-12\%t$
+20	标准加热时间 t		

注：如电熔机具有温度自动补偿功能，则不需要调整加热时间。

4.6.5 法兰连接

1 法兰盘套在管道上。

2 聚丙烯法兰连接件与管道热熔连接步骤应符合本标准第4.6.3条的要求。

3 校直两对应的连接件，使连接的两片法兰垂直于管道中心线，表面相互平行。

4 法兰的衬垫，应符合《生活饮用水输配水设备及防护材料的安全性评价标准》GB/T 17219—1998 的要求。

5 应使用相同规格的螺栓，安装方向一致，螺栓应对称紧固。紧固好的螺栓应露出螺母。螺栓螺帽应采用镀锌件。

6 连接管道的长度应精确，当紧固螺栓时，不应使管道产生轴向拉力。

7 法兰连接部件应设置支、吊架。

4.7 支、吊架安装

4.7.1 管道安装时应按不同管径和要求设置支、吊架，位置应准确，埋设应平整、牢固。

4.7.2 管卡与管道接触应紧密，但不得损伤管道表面。金属管卡与管道之间应采用塑料或橡胶等隔垫。在金属管配件与建筑给水聚丙烯管道连接部位，管卡应设在金属管配件一端。

4.7.3 安装阀门、水表、浮球阀等给水附件应设置固定支架。当固定支架设在管道上时，与给水附件的净距不宜大于 100mm。

4.7.4 支、吊架管卡的最小尺寸应按管径确定。当公称外径不大于 $de50$ 时，管卡最小宽度为 24mm；公称外径为 $de63$ 和 $de75$ 时，管卡最小宽度为 28mm；公称外径为 $de90$ 和 $de110$ 时，管卡最小宽度为 32mm。

4.7.5 冷水管与热水管支、吊架的间距不得大于表 3-6 和表 3-7 规定。当采用金属托板时，应为固定支架，其间距可加大 35%，且金属托板与管道之间每隔 300~350mm 应有卡箍捆扎。

冷水管支、吊架最大间距（mm）　　　　　　表 3-6

公称外径 de	20	25	32	40	50	64	75	90	110
横管	600	700	800	900	1000	1100	1200	1350	1550
立管	900	1000	1100	1300	1600	1800	2000	2200	2400

热水管支、吊架最大间距（mm）　　　　　　表 3-7

公称外径 de	20	25	32	40	50	64	75	90	110
横管	300	350	400	500	600	700	800	1200	1300
立管	400	450	520	650	780	910	1040	1560	1700

注：冷、热水管共用支、吊架时，应根据热水管支、吊架间距确定。直埋暗敷管道的支、吊架间距可采用表中数值放大一倍。

4.7.6 明敷管道的支、吊架做防膨胀的措施时，应按固定点要求施工。管道的各配水点、受力点以及穿墙支管节点处，应采取可靠的固定措施。

4.7.7 金属托板由镀锌钢板制成，托板内径同聚丙烯管道外径，弧度为186°～190°。金属托板的厚度可根据管道的规格确定：$de63$ 以下为 0.8mm，$de75$～$de110$ 为 1.0mm。

4.8 试压

4.8.1 冷水管试验压力，应为冷水管道系统设计压力的 1.5 倍，但不得小于 0.9MPa。

4.8.2 热水管试验压力，应为热水管道系统设计压力的 2.0 倍，但不得小于 1.2MPa。

4.8.3 管道水压试验应符合下列规定：

1 管道安装完毕，外观检查合格后，方可进行试压。

2 热熔或电熔连接的管道，水压试验应在连接 24h 后进行。

3 试压介质为常温清水。当管道系统较大时，可分层、分区试压。

4 试验压力按本标准第 4.8.1 条和第 4.8.2 条的规定。管道系统的压力试验过程见图 3-4，并应符合下列规定：

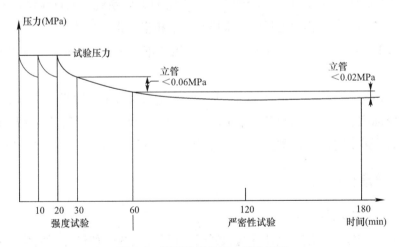

图 3-4 管道系统的压力试验过程

（1）强度试验（试验时间为 1h）

1）压力表应安装在管道系统的最低点，加压泵宜设在压力表附近；管道内应充满清水，彻底排净管道内空气。

2）用加压泵将压力增至试验压力，然后每隔 10min 重新加压至试验压力，重复两次。

3）记录最后一次泵压 10min 及 40min 后的压力，它们的压差不得大于 0.6MPa。

（2）严密性试验（试验时间 2h）

1）试验应在强度试验合格后立即进行。

2）记录强度试验合格 2h 后的压力。此压力比强度试验结束时的压力下降不应超过 0.02MPa。

4.8.4 直埋在地坪面层和墙体内的管道，试压工作应在面层浇捣或封堵前进行，达到试压要求后，土建方能继续施工。大型工程，管道试压工作可根据施工进度分段进行。

4.8.5 寒冷地区冬季进行水压试验时，应采取有效防冻措施，试验完毕后应及时泄水。

4.9 清洗、消毒

4.9.1 给水管道系统在验收前，应进行通水冲洗。冲洗水流速不宜小于 2m/s。冲洗时应不留死角，每个配水点龙头应打开，系统最低点应设在放水口，清洗时间控制在冲洗出口处排水的水质与进水相当为止。

4.9.2 生活饮用水系统经冲洗后，可用含不低于 20mg/L 氯离子的清洁水浸泡 24h。

管道消毒后，再用饮用水冲洗，并经卫生监督管理部门取样检验，水质符合现行国家标准《生活饮用水卫生标准》GB 5749—2006 后，方可交付使用。用于饮用净水的管道系统，其水质还应符合《饮用净水水质标准》CJ 94—2005 的标准。

5 质量标准

5.1 主控项目

5.1.1 聚丙烯管道的水压试验必须符合设计要求。如设计无明确规定，执行本标准第 4.8 条的规定。

5.1.2 管道系统交付使用前必须进行清洗和消毒，并经卫生监督管理部门取样检验，符合国家现行的饮用水卫生标准后方可使用。

5.2　一般项目

5.2.1　聚丙烯管道的敷设、热熔连接、电熔连接应符合本标准操作工艺的要求。

5.2.2　管道的支、吊架安装应符合本标准操作工艺的要求。

5.2.3　管道安装的允许偏差和检验方法见表 3-8。

管道安装的允许偏差和检验方法　　　　　　　表 3-8

项目		允许偏差（mm）	检验方法
水平管道纵横方向弯曲	每米全长	1.5	用水平尺、直尺、拉线和尺量检查
	25m 全长	≤25	
立管垂直度	每米	2	吊线和尺量检查
	5m 以上	≤8	

6　成品保护

6.0.1　其他管道系统采用金属管道时，聚丙烯管道应布置在金属管道的内侧。

6.0.2　管道系统安装过程中的开口处应及时封堵。产品如有损坏，应及时更换，不得隐蔽。

6.0.3　安装完毕的管道应采取保护措施，严禁蹬踏及吊挂重物。

6.0.4　直埋暗管隐蔽后，在墙面或地面标明暗管的位置和走向；严禁在管位处冲击或钉金属钉等尖锐物体。

6.0.5　明火及热源应远离安装完毕的管道。

7　注意事项

7.1　应注意的质量问题

7.1.1　必须保证管材和管件是同一厂家、同一批次的产品。

7.1.2　施工时应复核冷、热水管道压力等级和管道种类。不同种类的聚丙烯管道不得混合安装。

7.1.3　管道标记应面向外侧。

7.1.4　暗敷管道应在隐蔽前进行水压试验。

7.1.5　在冬期施工时，应注意聚丙烯管道的低温脆性特点。

7.2 应注意的安全问题

7.2.1 管道连接使用热熔机具时，应遵守电器工具安全操作规程，注意防潮和赃物污染。

7.2.2 操作现场不得有明火，严禁对建筑给水聚丙烯管材进行明火烘弯。

7.2.3 建筑给水聚丙烯管道不得作为拉攀、吊架等使用。

7.2.4 热熔连接操作时，应小心烫伤。

7.2.5 直埋暗管封蔽后，应在墙面或地面标明暗管的位置和走向；严禁在管位处冲击或钉金属钉等尖锐物体。

7.3 应注意的绿色施工问题

7.3.1 施工中产生的边角料、废料及拆除的废旧管材应及时回收，不得按一般垃圾处理。

7.3.2 管道的冲洗和消毒废液应采取一定的处理措施后排放至指定地点，防止污染环境。

8 质量记录

8.0.1 施工图、竣工图及设计变更文件。

8.0.2 管材、管件出厂的合格证书或检测报告。

8.0.3 管材、管件的质量保证资料现场验收记录。

8.0.4 隐蔽工程验收记录和中间试验记录。

8.0.5 水压试验和通水能力检验记录。

8.0.6 生活饮用水管道清洗和消毒记录，卫生监督管理部门出具的管道通水消毒合格报告。

8.0.7 工程质量事故处理记录。

8.0.8 检验批、分项、分部、子分部工程质量验收记录。

第4章　建筑给水聚乙烯管道安装

本工艺标准适用于民用建筑工程中长期工作水温－20～40℃，冷水工作压力≤1.6MPa，管径范围 16～400 的室内外冷水管道安装。不得用于输送热水。工业建筑工程可参考使用。

该管道不得用于室内消防管道和与其相连的其他给水系统。高层建筑的给水立管及水泵房的设备配管不宜采用聚乙烯管材（件）。

1　引用标准

《建筑给水排水及采暖工程施工质量验收规范》GB 50242—2002

《给水用聚乙烯（PE）管道系统　第2部分：管材》GB/T 13663.2—2018

《给水用聚乙烯（PE）管材》GB/T 13663—2000

2　术语

2.0.1　热熔连接：用专用加热工具加热连接部位，使其熔融后，施压连接成一体的连接方式。有热熔承插连接、热熔对接连接等。

2.0.2　电熔连接：管材或管件的连接部位插入内埋电阻丝的专用电熔管件内，通电加热，使连接部位熔融，连接成一体的连接方式。

3　施工准备

3.1　作业条件

3.1.1　施工方案已编制、审批完毕。

3.1.2　施工图纸及有关技术文件齐全，已进行图纸技术交底，施工要求明确。

3.1.3　土建已提供施工作业面，预留孔洞，沟槽已预检合格，室内标高线已完成。

3.1.4　施工作业面已进行了清理，室外管沟已进行了平整，沟槽底部平整、密实、无坚硬物，宜敷设砂垫层。

3.1.5 施工人员已经过聚乙烯管道安装的培训，且培训合格。

3.1.6 施工用地及材料储放场地等临时设施和施工用水电能满足施工要求。

3.2 材料及机具

3.2.1 材料：聚乙烯管道（PE）。

3.2.2 机具：管道切割机、台式承插热熔焊机，台式对接热熔焊机、电熔焊机、电焊机、试压泵。

3.2.3 工具：手持承插热熔器、断管器、管子剪、钢锯、刮皮器、扳手、钳子、手锤、螺丝刀、工作台等。

3.2.4 检验设备：水准仪、水平尺、线坠、钢卷尺、钢板尺、角尺、压力表等。

4 操作工艺

4.1 工艺流程

安装准备→测量放线→储运→管道敷设→管道连接→支吊架安装→

试压→隐蔽工程验收→清洗、消毒→交工验收

4.2 安装准备

根据施工方案确定的施工方法，技术交底的具体措施和本标准作业条件的要求做好施工准备工作。参看有关专业的施工图，核对各种管线的坐标、标高是否交叉，管道的空间排列是否合理。平衡管线并画出施工草图，以便在施工中做到有序施工。

4.3 测量放线

管道安装应测量好坐标，标高及坡度线。坐标、标高应从给定的水准点引入。各配水点的标高、位置应在现场标出。设计为嵌墙暗敷的管线，配合土预建留好管槽。

4.4 储运

4.4.1 搬运管材和管件时应包装良好，小心轻放，避免油污，严禁剧烈撞击，与尖锐物品碰触和抛、摔、滚、拖。

4.4.2 管材和管件应存放在通风良好的库房或简易棚内，不得露天存放，

阻止阳光直射，注意防火、远离火源。

4.4.3 管材应水平堆放在平整的地上，管件应逐层码放整齐。堆至高度不得超过1.5m。

4.5 管道敷设

4.5.1 管道嵌墙暗敷宜配合土建预留凹槽，尺寸设计无规定时，墙槽的深度为 $DN+(20\sim30mm)$，宽度为 $DN+(40\sim60mm)$。水平槽较长或开槽深度超过墙体厚度的1/3时，应征得结构专业的同意。凹槽表面应平整，不得有尖角等突出物，管道应有固定措施，管道试压合格后，墙槽用M10级水泥砂浆填补密实。配水点管口边缘应与装饰墙面齐平。

4.5.2 管道暗敷在地平面层时，应按设计图纸位置敷设。如现场施工发生变更，应及时在图纸上做记录。

4.5.3 管道安装时不得有轴向扭曲，穿墙或穿楼板时，不宜强制掰正。建筑给水聚乙烯管与其他金属管道平行敷设时应有一定的保护距离，其净距不宜小于100mm。

4.5.4 聚乙烯给水管道不得与水加热器和热水炉直接连，并应有不小于0.4m的金属管道过度。

4.6 管道连接

4.6.1 承插式热熔连接

1 专用热熔器应有管材供应厂商提供或确认。安装部位狭窄处采用电熔连接。$De\leqslant63$ 的管材使用手持热熔器，$De75\sim De110$ 使用台式热熔机。

2 热熔连接前应对管端刮皮，刮边范围与刮皮刀的长度相当。

3 用清洁剂清洗管端和管件承口（无清洁剂可使用酒精），应清洁、干燥、无油。

4 热熔器接通电源，达到工作温度（260℃±10℃），指示灯亮后方能用于接管。

5 管材下料时使用塑料管切割器切割管材，切管件应垂直，使切割后的管端呈90°。

6 用卡尺和笔在管端测量并标绘出承插深度。承插深度不应大于表4-1的要求。

7 加热时间、加工时间和冷却时间按热熔器具厂家的要求进行。如无要求时可参照表 4-1。

热熔连接技术要求   表 4-1

公称外径（mm）	最小承插深度（mm）	加热时间（s）	加工时间（s）	冷却时间（min）
20	11.0	5	4	3
25	12.5	7	4	3
32	14.6	8	4	4
40	17.0	12	6	4
50	20.0	18	6	5
63	23.9	24	6	6
75	27.5	30	10	8
90	32	40	10	8
110	38	50	15	10

8 熔接弯头或三通时，按照设计图纸要求，应注意其方向，在管件和管材的直线方向上，用辅助标志标出其位置。

9 连接时，无旋转地把管端插入加热套内，插到所标志的深度，同时无旋转的把管件推到加热头上，达到规定标志处。

10 达到加热时间后，立即把管材与管件从加热套与加热头上同时取下，迅速无旋转地直线均匀对插入到所标深度，使接头处形成均匀凸缘。

11 在规定的加工时间内，刚熔好的接头还可矫正，但不得旋转。

4.6.2 电熔连接

1 电熔连接机具与电熔管件应符合标准，连接时，通电电源的电压和加热时间应符合电熔管件生产厂的规定。根据使用的电压和电流强度及电源特性提供相应的电保护措施。

2 电熔连接冷却期间，不得移动连接件或连接上施压任何外力。

3 应保持电熔管件和管材的熔合部位不受潮。

4 电熔承插连接管材的连接端应切割垂直，并运用洁净棉布擦净管材和管件上的污物后标出插入深度，刮除其表皮。

5 电熔承插连接前，应矫直两对应的待连管件，使其在同一轴线上。

6 电熔连接的目测检查，当熔瘤凸头凸出时，就已经熔接好。

电熔连接的加热时间与环境温度的关系 表 4-2

环境温度（℃）	加热时间（s）	环境温度（℃）	加热时间（s）
−10	$t+12\%t$	+30	$t-4\%t$
0	$t+8\%t$	+40	$t-8\%t$
+10	$t+4\%t$	+50	$t-12\%t$
+20	标准加热时间 t		

注：如电熔机具有温度自动补偿功能，则不需调整加热时间。

4.6.3 热熔对接连接

1 热熔对接时采用热熔对焊机来加热管端（热熔对接温度为 210℃±10℃），待管端熔化后迅速将其贴合，保持一定的压力，经冷却达到连接的目的。适用范围 $De \geqslant 90\text{mm}$。

2 将需安装连接在两根 PE 管材同时放在热熔器卡具上（卡具可根据所需安装的管径大小更换卡块），每根管材另一端用管支架托起至同一水平面上。

3 用电动旋刀分别将管材端切平整，确保两管材接触面能充分吻合。

4 将电热板升温至 210℃，放置两管材端面中间，操作电动液压装置，使两管端面同时完全与电热板接触加热。

5 抽掉加热板，再次操作液压装置，使以熔融的两管材端面充分对接并锁定液压装置（防止反弹）。

6 保持一定的冷却时间松开，操作完毕。见表 4-3。

对接工艺 表 4-3

公称壁厚（mm）	第一步：预热 预热压力：0.15MPa 预热温度：210℃ 预热时卷边高度：（mm）	第二步：熔融 压力：0.01MPa 预热温度：210℃ 加热时间：（s）	第三步：切换 允许最大切换时间（s）	第四步：对接 焊接压力：0.15MPa 冷却时间：（min）
2～3.9	0.5	30～40	4	4～5
4.3～6.9	0.5	40～70	5	6～10
7.0～11.4	1.0	70～120	6	10～16
12.2～18.2	1.0	120～170	8	17～24
20.1～25.5	1.5	170～210	10	25～32
28.3～32.3	1.5	210～250	12	33～40

注：采用不同型号的焊机时，上述参数应作相应调整。

4.6.4 法兰连接

1 HDPE 管道和钢管及阀门连接时宜采用钢塑法兰连接，HDPE 管端与相应的塑料支承环之间可采用热熔对接方式的连接。钢管端与金属法兰的连接应符合钢管焊接的规定；然后采用法兰片即可完成 HDPE 管道与金属管道的连接。

2 法兰连接也适用 HDPE 管道间的相互连接。一般而言 HDPE 支承环与 HDPE 支承环之间不需要密封圈，但在大尺寸、高压力的工作条件下仍需添压密封圈，当 HDPE 支承环与其他材质（钢管、镀锌钢管等）的管道进行连接时，必须使用密封圈。

3 矫直两对应的连接件，使连接的两片法兰垂直于管道中心线，表面相互平行。

4 法兰的衬垫应符合《生活饮用水输配水设备及防护材料的安全性评价标准》GB/T 17219 的要求。

5 应使用相同规格的螺栓，安装方向一致，螺栓应对称紧固，紧固好的螺栓应露出螺母，螺栓螺帽应采用镀锌件。

6 连接管道的长度应精确，当紧固螺栓时，不应使管道产生轴向拉力。

7 法兰连接部位应设置支、吊架。

4.7 支吊架安装

4.7.1 管道安装时应按不同管径和要求设置支、吊架，位置应准确，埋设应平整、牢固。

4.7.2 管卡与管道接触应紧密，但不得损伤管道表面。金属管卡与管道之间应采用塑料或橡胶等隔垫。在金属管配件与建筑给水聚乙烯管道的连接部位，管卡应设在金属管配件一端。

4.7.3 安装阀门、水表、浮球阀等给水附件应设固定支架。当固定支架设在管道上时，与给水附件的净距不宜大于 100mm。

4.7.4 支、吊架管卡的最小尺寸应按管径确定。当公称外径不大于 De50 时，管卡的最小宽度为 24mm，公称外径 De63 和 De75 时管卡最小宽度为 28mm；公称外径为 De90 和 De110 时管卡最小宽度为 32mm。

4.7.5 聚乙烯管支吊架的间距不得大于表 4-4 的规定。当采用金属托板时，应为固定支架，其间距可加大 35%，且金属托板与管道之间每隔 300～350mm 应有卡箍捆扎。

聚乙烯管支、吊架最大间距（mm） 表 4-4

公称直径 De	20	25	32	40	50	63	75	90	110
横管	600	700	800	900	1000	1100	1200	1350	1550
立管	900	1000	1100	1300	1600	1800	2000	2200	2400

4.7.6 明敷管道的支、吊架做防膨胀的措施，应按固定点要求施工。管道的各配水点、受力点以及穿墙支管节点处，应采取可靠的固定措施。

4.7.7 金属托板由镀锌钢板制成，托板内径同聚乙烯管外径，弧度为 $186°\sim190°$。金属托板的厚度可根据管道的规格确定：$De63$ 以下为 $0.8mm$，$De75\sim De110$ 为 $1.0mm$。

4.7.8 支架支座制作加工零件的毛坯，应采用机械方法切割，将毛刺打磨干净。

4.7.9 需要焊接的零件，要预先清除铁锈和所有污物。焊接前装配支座组件的工具应能准确地保证各焊件的相互位置。

4.7.10 支架安装前应除锈、刷防锈漆。

4.8 试压

4.8.1 冷水管试验压力，应为冷水管道系统设计压力的 1.5 倍，但不得小于 0.6MPa。

4.8.2 管道水压试验前应符合以下规定：

1 管道安装完毕，外观检查合格后，方可进行试压。

2 热熔和电熔连接的管道，水压试验应在连接 24h 后进行。

3 试压介质为常温清水。当管道系统较大时，可分层、分区试压。

4.8.3 强度试验（试验时间为 1h）

1 压力表应安装在管道系统的最低点，加压泵宜设在压力表附近；管道内存满清水，彻底排尽管道内的空气。（排气阀应高于管道系统最高处）

2 用加压泵将压力增至试验压力，然后每隔 10min 重新加压至试验压力，重复两次。

3 升至规定的试验压力后，停止加压稳压 1h，压力降不得超过 0.05MPa。

4.8.4 严密性试验（试验时间为 2h）

1 严密性试验应在强度试验合格后进行。

2 在工作压力 1.15 倍状态下稳压 2h，压力降不得超过 0.03MPa，同时检查各连接处，不得渗漏。

4.8.5 直埋在地平面层和墙体内的管道，试压工作应在面层浇捣或封墙前进行，达到试压要求后，土建方能继续施工。大型工程管道试压工作可根据施工进度分段进行。

4.8.6 寒冷地区冬季进行水压试验时，应采取防冻措施，试验完毕后及时泄水。

4.8.7 试验合格后，填写记录并及时签证。

4.9 隐蔽工程验收

4.9.1 管道隐蔽前必须水压试验合格，并已办理签证记录。

4.9.2 隐蔽前应画好管道标高、坐标、位置图，以便于画竣工图及以后的维修。

4.9.3 室外管道在验收合格后及时回填。

4.9.4 隐蔽在墙体、地面、吊顶内的管道应随土建进行隐蔽验收。

4.9.5 隐蔽验收应由业主、监理工程师、施工员、班组长参加。

4.9.6 隐蔽验收依据为施工图、规范、水压试验记录、检验批记录等。

4.9.7 验收后及时办理隐蔽工程记录并签证。

4.10 清洗、消毒

4.10.1 给水管道系统在验收前，应进行通水冲洗。冲洗速度不宜小于 2m/s。冲洗时应不留死角，每个配水点龙头应打开，系统最低点应设放水口，清洗时间控制在冲洗出口处，排水的水质与进水相当为止。

4.10.2 将管道内的存水放空，再灌注氯溶液（浓度≥20mg/L），让其在系统内静止不小于 24h 进行消毒。

4.10.3 管道消毒后，放空消毒液，再用生活饮用水冲洗，并经卫生监督管理部门取样检验。水质标准符合现行《生活饮用水卫生标准》GB 5749—2006，则清洗合格，方可交付使用。

4.11 交工验收

交工验收前要整理好资料，拆除临时支撑、封堵。刷油、保温完善，施工质量符合规范要求，合格率 100%。

5 质量标准

5.1 主控项目

5.1.1 室内给水管道的水压试验必须符合设计要求。当设计未注明时，塑料管给水系统应在试验压力下稳压 1h，压力降不得超过 0.05MPa，然后在工作压力的 1.15 倍状态下稳压 2h，压力降不得超过 0.03MPa，同时检查各连接处不得渗漏。

5.1.2 给水系统交付使用前必须进行通水试验并做好记录。

生活给水系统管道在交付使用前必须冲洗和消毒，并经有关部门取样检验，符合国家《生活饮用水卫生标准》GB 5749—2006 方可使用。

5.2 一般项目

5.2.1 给水引入管与排水排出管的水平净距不得小于1m。室内给水与排水管道平行敷设时，两管间的最小水平净距不得小于 0.5m；交叉铺设时，垂直净距不得小于 0.15m。给水管应铺在排水管上面，若给水管必须铺在排水管的下面时，给水管套应加套管，其长度不得小于排水管管径的 3 倍。

5.2.2 给水水平管道应有 2‰～5‰ 的坡度坡向泄水装置。

5.2.3 管道支吊架安装应平整牢固，塑料管及复合管管道支架的最大间距应符合表 4-5。

塑料管及复合管管道支架的最大间距   表 4-5

公称直径（mm）			12	14	16	18	20	25	32	40	50	63	75	90	110
支架最大间距（m）	立管		0.5	0.6	0.7	0.8	0.9	1.0	1.1	1.3	1.6	1.8	2.0	2.2	2.4
	水平管	冷水管	0.4	0.4	0.5	0.5	0.6	0.7	0.8	0.9	1.0	1.1	1.2	1.35	1.55
		热水管	0.2	0.2	0.25	0.3	0.3	0.35	0.4	0.5	0.6	0.7	0.8		

5.2.4 管道安装的允许偏差和检验方法见表 4-6。

管道安装的允许偏差和检验方法   表 4-6

项目		允许偏差（mm）	检验方法
水平管道纵横方向弯曲	每米全长	1.5	用水平尺、直尺拉线和尺量检查
	25m 全长	≤25	
立管垂直度	每米	2	吊线和尺量检查
	5m 以上	≤8	

6 成品保护

6.0.1 管材和管件在运输、装卸、储存和搬运过程中，应排列整齐，要轻拿轻放，不得乱堆放，不得暴晒。库房内不得有热源。

6.0.2 严禁利用塑料管道作为脚手架的支点或安全带的拉点，吊顶的吊点。

6.0.3 管道安装完成后，应加强保护，防止管道污染。明敷管道的塑料包装不得拆除。

6.0.4 其他管道系统采用金属管道时，聚乙烯管道应布置在金属管道的内侧。

6.0.5 管道系统安装过程中的开口处应及时封堵。产品处有损坏，应及时更换，不得隐蔽。

6.0.6 安装完毕的管道应采取保护措施，严谨蹬踏及吊挂重物。

6.0.7 直埋暗管隐蔽后，在墙面标明暗管的位置和走向；严禁在管位处冲击或钉金属钉等尖锐物体。

6.0.8 明火及热源应远离安装完毕的管道。

7 注意事项

7.1 应注意的质量问题

7.1.1 必须保证管材和管件是同一厂家，同一批次的产品。

7.1.2 施工时应复核管道的压力等级和管道型材，不得于其他材质的塑料管混装。

7.1.3 管道标记应面向外侧。

7.1.4 暗敷管道应在隐蔽前进行水压试验。

7.1.5 在冬期施工时，应注意聚乙烯管道的低温脆性特点。

7.1.6 热熔连接时的温度必须符合规定的稳定，应避免过火烧焦。

7.1.7 水压试验时应采取措施，防止管道运动或损坏。

7.1.8 聚乙烯管道埋设最小管顶露土厚度为：埋设在车行道下管顶埋深不得小于 0.9m；埋设在人行道下或管道支管不得小于 0.75m；埋设在绿化带下或居住区支管不得小于 0.6m；埋设在永久性冻土或季节性冻土层，管顶埋设尝试应在冰冻线以下。

7.1.9　明敷管道应采取补偿措施。

7.1.10　主干管敷设前应与其他专业平衡标高、位置。

7.2　应注意的安全问题

7.2.1　管道连接使用热熔机具时，应遵守电器工具安全操作规程，注意防潮和脏污污染。

7.2.2　操作现场不得有明火，严禁对建筑聚乙烯管材进行明火烘弯。

7.2.3　建筑给水聚乙烯管道不得作为拉攀、吊架等使用。

7.2.4　热熔连接操作时，应小心烫伤。

7.2.5　地沟内施工要有专人监护，不得上下摆好掷管件工具。

7.2.6　使用照明要使用低压照明，不得大于 24V。

7.2.7　使用软线应使用防水软线，应有专用配电箱，并派专人监护。

7.2.8　室外地沟应按规定放坡，并有可靠的支撑防护，以防塌方伤人。

7.3　应注意的绿色施工问题

7.3.1　施工中产生的边角料、废料及拆除的废旧管材应及时回收，不得按一般垃圾处理。

7.3.2　管道的冲洗和消毒废液应采取一定的处理措施后排放至排放至指定地点，防止污染环境。

7.3.3　做好文明施工。

8　质量记录

8.0.1　施工图、竣工图及设计变更文件。

8.0.2　管材、管件出厂的合格证书和检测报告。

8.0.3　管材、管件的质量保证资料现场验收记录。

8.0.4　隐蔽工程验收记录和中间试验记录。

8.0.5　水压试验和通水能力检验记录。

8.0.6　生活饮用水管道清洗和消毒记录，卫生监督管理部门出具的管道通水消毒合格报告。

8.0.7　工程质量事故处理记录。

8.0.8　检验批、分项、子分部、分部工程质量验收记录。

8.0.9　阀门水压试验记录及阀门、附件等的质量保证资料。

第5章 建筑给水复合管道安装

本工艺标准适用于民用和工业建筑给水复合管道工程的施工。

1 引用标准

《建筑给水复合管道工程技术规程》CJJ/T 155—2011

《建筑给水排水及采暖工程施工质量验收规范》GB 50242—2002

2 术语

2.0.1 钢塑复合的压力管（PSP管）：以钢带经焊接成型的钢管为中间层，内外层为聚乙烯或聚丙烯塑料，采用热熔胶，通过挤塑成型方法复合成一体的管材。

2.0.2 不锈钢塑料复合管（SNP管）：由外层不锈钢管和内层塑料管粘合而成的复合管材。又称超薄壁不锈钢塑料复合管材。

2.0.3 钢骨架塑料（聚乙烯）复合管：以缠绕钢丝网或钢板孔网为中间层，内外层为聚乙烯塑料，采用热熔胶，通过挤塑成型方法复合成一体的管材。钢骨架塑料（聚乙烯）复合管包括钢丝网骨架塑料（聚乙烯）复合管和钢板孔网架塑料（聚乙烯）复合管材。

2.0.4 铝塑复合管（铝塑复合压力管）（PAP管）：以焊接铝管为中间层，内外层均为聚乙烯塑料管、耐热聚乙烯或交联聚乙烯塑料，采用热熔胶，通过挤塑成型方法复合成一体的管材。

2.0.5 塑铝稳态管（塑铝稳态复合管）（PE/A/P管）：内层为PP—R或PE—RT塑料，中间用铝层包裹，外覆塑料保护层，各层间通过热熔胶粘接而成五层结构的复合管材。

2.0.6 内衬不锈钢复合钢管（BCP管）：采用复合工艺，在碳钢管内衬薄壁不锈钢管的复合管材，又称BCP双金属复合管。

3　施工准备

3.1　作业条件

3.1.1　施工图和设计文件应齐全，已进行技术交底。

3.1.2　施工组织设计或施工方案已经批准。

3.1.3　施工人员已经专业培训。

3.1.4　施工场地的用水、用电、材料储放场地等临时设施能满足施工要求。

3.2　材料及机具

3.2.1　复合管：钢塑复合管（SP管）、钢塑复合压力管（PSP管）、钢骨架塑料复合管、不锈钢塑料复合管（SNP管）、铝塑复合管（PAP管）、塑铝稳态管（PE/A/P管）、内衬不锈钢复合钢管（BCP管）等，复合管件和附件，其材质、规格、尺寸、技术要求等均应符合国家现行标准的规定，并应有符合相关规定的检测报告；若用于生活饮水系统，则应符合国家现行标准《生活饮用水输配水设备及防护材料的安全性评价标准》GB/T 17219。

3.2.2　阀门、支吊架等。

3.2.3　胶粘剂、橡胶件、防锈密封胶、聚四氟乙烯生料带、耐温型橡胶密封圈、无油脂润滑剂等。

3.3　机具

锯床、自动套丝机、滚槽机、切削加工机、双热熔手动熔接机或双熔液压熔接机、不锈钢塑料复合管专用卡压工具、管钳、电动圆锯机、电动带锯机、砂轮切割机、试压泵、绞刀、水平尺、直尺、钢卷尺、线坠、压力表等。

4　操作工艺

4.1　工艺流程

安装准备 → 测量放线 → 贮运 → 管道敷设 → 管道连接 → 支吊架安装 → 试压 → 消毒、清洗

4.2　安装准备

根据施工方案确定的施工方法、技术交底的具体措施和本标准作业条件的要求做好施工准备工作。参看有关专业的施工图，核对各种管线的坐标、标高是否交叉，管道的空间排列是否合理。

4.3 测量放线

管道安装应测量好坐标、标高及坡度线。坐标、标高应从给定的水准点引入。

4.4 贮运

4.4.1 公称直径小于或等于 50mm 的复合管材应按不同规格捆扎后,再用包装袋包装。管件应按不同品种和不同规格用包装袋包装后再分别用装箱,不得散装。

4.4.2 公称直径大于或等于 50mm 的复合管材在装卸时吊索应采用较宽的柔韧皮带、吊带或绳吊索,不得采用钢丝绳或铁链直接接触吊装管材。管材宜采用两个吊点起吊,严禁用吊索贯穿管材两端进行装卸。

4.4.3 复合管管端在出厂时宜采用塑料盖封堵。

4.4.4 在运输、装卸、搬运和堆放复合管材和管件时,应小心轻放,不得划伤,避免油污和化学品污染,严禁剧烈撞击和与尖锐物品碰触,不得抛、摔、滚、拖。

4.4.5 复合管材和管件应存放在通风良好的库房或有顶的棚内,不得受阳光直射、暴晒。储存的环境温度不宜超过 40℃,距热源不得小于 1m。

4.4.6 复合管材应水平堆放在干净、平整的场地上,不得弯曲管材。堆放高度不宜超过 1.5m,端部悬臂长度不应大于 0.5m,并应采取防滚动、防坍塌的措施。

4.4.7 管件应逐层码堆,堆放高度不宜超过 1.2m。

4.4.8 胶粘剂、清洁剂丙酮或酒精等易燃品宜存放在危险品仓库中。运输时应远离火源,存放处应安全可靠、阴凉干燥、通风良好,严禁明火。

4.5 管道敷设

4.5.1 穿墙壁、楼板及嵌墙暗敷管道,应配合土建工程预留孔、槽,预留孔或开槽的尺寸应符合系列规定:

1 预留孔的直径宜大于管道的外径 50~100mm;

2 嵌墙暗管的墙槽深度宜为管道外径加 20~50mm,宽度宜为管道外径加 40~50mm;

3 横管嵌墙暗敷时,预留的管槽应经结构计算;并经结构专业许可,严禁在墙体开凿长度大于 300mm 的横向管槽。

4.5.2 管道穿过墙壁和楼板,宜设置金属或塑料套管,并应符合下列规定:

1 安装在卫生间及厨房内的套管，其顶部应高出装饰地面 50mm，安装在其他楼板内的套管，其顶部应高出装饰地面 20mm，套管底部应与楼板地面相平。套管与管道之间缝隙应采用阻燃密实材料和防水油膏填实，且端面应抹光滑。

2 安装在墙壁内的套管，其两端应与饰面相平。套管与管道之间缝隙宜采用阻燃密实材料填实，且端面应抹光滑。

3 管道的接口不得设在套管内。

4.5.3 架空管道的管顶上部的净空不宜小于 200mm。

4.5.4 暗装管道距离墙面的净距离，应根据管道支架的安装要求和管道的固定要求等条件确定。

4.5.5 管道明敷时，应在土建工程完毕后进行安装。安装前，应先复核预留洞的位置是否正确。

4.5.6 管道安装应横平竖直，不得有明显的起伏、弯曲等现象，管道外壁应无损伤。

4.5.7 成排明敷管道时，各条管道应互相平行，弯管部分的曲率半径应一致。

4.5.8 对明装管道，其外壁距装饰墙面的距离应符合下列规定：

1 管道公称直径为 10～25mm 时，应小于或等于 40mm。

2 管道公称直径为 32～65mm 时，应小于或等于 50mm。

4.5.9 管道敷设时，不得有轴向弯曲和扭曲，穿过墙或楼板时不得强制校正。当与其他管道平行安装时，安全距离应符合设计的要求，当设计无规定时，其净距不宜小于 100mm。

4.5.10 管道暗敷时应对管道外壁采取防腐措施。

4.5.11 暗敷的管道应在封闭墙面前，做好试压和隐蔽工程的验收记录。

4.5.12 管道穿过地下室或地下构筑物外墙时，应采取防水措施。对有防水要求的建筑物，必须采用柔性防水套管。

4.5.13 管道穿过结构伸缩缝、防震缝及沉降缝时，应采取下列保护措施：

1 在墙体两侧采取柔性连接；

2 在管道或保温层的外皮的上、下部应留有不小于 150mm 的净空；

3 在穿墙处应水平安装成方形补偿器。

4.5.14 复合管与阀门、水表、水嘴等设施的连接应采用转换接头。

4.5.15 分水器和分水器配水管道的施工应符合国家相关标准的要求。

4.5.16 管道及管道支墩（座），严禁铺设在冻土和未经处理的松土上。

4.6 管道连接

4.6.1 管道连接前应确认管材、管件的规格尺寸符合设计要求。有橡胶密封圈等密封材料的管件，应检查密封材料和连接面，不得有伤痕和杂物。

4.6.2 管道系统的配管与连接应按下列步骤进行：

1 按设计图纸规定的坐标和标高线绘制实测施工图；

2 按实测施工图进行配管；

3 制定管材和管件的安装顺序，进行预装配；

4 进行管道连接。

4.6.3 管道接口应符合下列规定：

1 当采用熔接时管道的结合面应有均匀的熔接圈，不得出现局部熔瘤或熔接圈凸凹不匀现象。

2 当法兰连接时，衬垫不得凸入管内，其外边缘宜接近螺栓孔；不得采取放入双垫或偏垫的密封方式。法兰螺栓的直径和长度应符合相关标准，连接完成后，螺栓突出螺母的长度不应大于螺杆直径的1/2。

3 当螺纹连接时，管道连接后的管螺纹根部应有2～3扣的外露螺纹，多余的生料带应清理干净，并对接口处进行防腐处理。

4 当卡箍（套）式连接时，两接口端应匹配、无缝隙、沟槽应均匀，卡箍（套）安装方向应一致，卡紧螺栓后管道应平直。

4.6.4 外壁为碳钢管的建筑给水复合管，其配管应符合下列规定：

1 截管工具宜采用专用切观器；

2 在截管前应先确认管材无损伤、无变形；

3 截管后的端面应平整，并应垂直于管轴线，切斜 e（图5-1）应符合表5-1的规定；

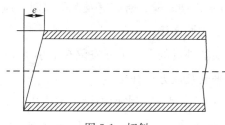

图5-1 切斜

	切斜	表 5-1

公称直径（mm）	切斜 e（mm）
≤20	≤0.5
25～40	≤0.6
50～80	≤0.8
100～150	≤1.2
≥200	≤1.5

4　截管后，管端的内外毛刺宜采用专用工具清除干净。

4.6.5　各种复合管的连接方式见表 5-2，连接要求应符合《建筑给水复合管道工程技术规程》CJJ/T 155 附录 A 的规定。

4.6.6　公称直径不大于 25mm 的盘卷式铝塑复合管，可采用手工直接调直。对管道公称直径为 32mm 的盘卷式铝塑复合管，当用手工调直时应按下列步骤进行：

1　选择平整场地；

2　将管子固定，滚动盘卷向前延伸；

3　压制管子，再用手工调直。

4.6.7　铝塑复合管的剪切应使用专用管剪或切管器。

4.6.8　铝塑复合管的弯曲应按下列步骤进行：

1　将弯管弹簧塞或弯管器放入管内拟弯曲部位；

2　用手均匀、缓慢施力于管道至弯曲，弯曲半径应大于或等于 5 倍的管道外径；

3　当弹簧塞或弯管器长度不够时，可采用钢丝接驳延长。

4.6.9　塑铝稳态管的截管应符合下列规定：

1　截断工具应与管材轴线垂直；

2　管材截断后，应将管材端面的毛刺和碎屑清除干净。

4.6.10　塑铝稳态管的卷削应符合下列规定：

1　卷削器应采用 PP-R/PE-RT 稳态管卷削器，并应符合下列规定：

（1）公称直径为 20～32mm 的管材，可采用带内导柱的手动卷削器或电动卷削器。

（2）公称直径为 40～63mm 的管材，宜采用电动卷削器。

表 5-2

复合管道的连接方式

连接方式	钢塑复合管 PN≤1.0MPa 或 DN≤100mm	钢塑复合管 1.0MPa<PN≤1.6MPa 或 100mm<DN≤600mm	钢塑复合管 1.6MPa<PN≤2.5MPa 水泵房内管道	钢塑复合压力管	钢骨架塑料复合管	不锈钢塑料复合管 DN≤63mm	不锈钢塑料复合管 DN>75mm	铝塑复合管 DN≤32mm	铝塑复合管 DN≥40mm	塑铝稳态管 明敷非直埋	塑铝稳态管 直埋	内衬不锈钢复合钢管 PN≤1.0MPa 或 DN≤100mm	内衬不锈钢复合钢管 1.0MPa<PN≤1.6MPa 或 100mm<DN≤600mm	内衬不锈钢复合钢管 DN>500mm
螺纹连接	√	—	—	—	—	—	—	—	—	—	—	√	—	—
沟槽式连接	—	√	√	—	—	—	—	—	—	—	—	—	√	√
卡箍式柔性管接头连接	—	√	√	—	—	—	—	—	—	—	—	—	—	—
法兰连接	—	√	√	√	√	—	—	—	—	—	—	—	√	—
热熔对接连接	—	—	—	√	√	—	—	—	—	—	—	—	—	—
热熔承插连接	—	—	—	√	√	—	—	—	—	—	—	—	—	—
电熔连接	—	—	—	—	√	—	—	—	—	—	√	—	—	—
卡压连接	—	—	—	—	—	—	—	√	√	√	—	—	—	—
内热熔连接	—	—	—	—	—	—	—	√	√	√	—	—	—	—
外热熔连接	—	—	—	—	—	—	—	√	√	—	—	—	—	—
双热熔连接	—	—	—	—	—	—	—	√	√	—	—	—	—	—
卡套式连接	—	—	—	—	—	√	—	√	—	—	—	—	—	—
焊接连接	—	—	—	—	—	—	√	—	—	—	—	—	—	—
复合连接	—	—	—	—	—	—	—	—	—	—	—	—	—	√
热熔法兰连接	—	—	—	—	—	—	—	—	—	—	—	—	—	—

注：复合连接指两种或以上连接方式用于同一接口处的连接方式。不锈钢塑料复合管符合连接为内层（塑料层）采用热熔连接，外层（金属层）采用卡压式连接。"√"代表可以。"—"代表禁止。

（3）公称直径大于 63mm 的管材，宜采用电动卷削器或卷削机。

2　将 PP-R 稳态管和 PE-RT 塑铝稳态管推入卷削器的卷削孔内卷削，卷削器出料槽中应有均匀的铝塑屑旋出；

3　在卷削时，管材端的截面应触到卷削器的内孔顶部；

4　塑铝稳态管的卷削尺寸应符合表 5-3 的规定。

塑铝稳态管的卷削尺寸　　　　　　　　表 5-3

管道公称直径（mm）	卷削尺寸（mm）	
	内管最小卷削深度	卷削后的内管外径
20	≥10.0	19.8～20.1
25	≥11.5	24.8～25.1
32	≥14.0	31.8～32.1
40	≥16.0	39.8～40.1
50	≥19.0	49.8～50.1
63	≥23.0	62.8～63.1
75	≥26.5	74.8～75.1
90	≥31.0	89.8～90.1
110	≥37.0	109.8～110.1

4.6.11　当沟槽式连接的复合管管道需要拆卸时，应先排水泄压。

4.6.12　涂塑钢管可现场进行补口，并应符合下列规定：

1　补口应在水压试验前进行；

2　补口区域在喷涂之前应进行喷射除锈处理，其表面质量应符合现行国家标准《涂装前钢材表面锈蚀等级和除锈等级》GB/T 8923.1—2011 规定的 Sa2½ 等级的要求；

3　喷射除锈后应清除补口处的灰尘和水分，同时将焊接时飞溅形成的尖点修平；

4　管端补口搭接处 15mm 宽度范围内的涂层应打磨粗糙，并清洁表面；

5　应以拟定的喷涂工艺，在试验管段上进行补口试喷，直至涂层质量符合规定要求；

6　宜采用与涂塑钢管相同的材料进行热喷涂，喷涂应保证固化温度要求；

7　补口处喷涂厚度应与管体涂层厚度相同，与管体涂层搭边不应小于 25mm；

8　喷涂后应对补口施工的头一道口进行现场附着力检验和厚度检验；

9　补口后应对补口的外观、厚度和漏点进行检测。

4.6.13　当涂塑钢管在运输、搬运、装卸、施工安装过程中造成涂层局部缺损时，必须对涂层缺陷进行修补，并应符合下列规定：

1 可采用手工或现场涂层修补设备进行修补；

2 缺陷部位的污垢和其他杂质及松脱的涂层应清理干净；

3 应将缺陷部位打磨成粗糙面，并将锈斑、污垢、灰尘等杂质清除干净；

4 公称直径小于等于25mm的管道，缺陷部位宜使用同等物料进行局部修补；

5 当管道公称直径大于25mm且缺陷面积小于250cm²时，缺陷部位宜使用双组分环氧树脂涂料或聚乙烯粉末进行局部修补；

6 现场涂层修补设备可适用于公称直径为50～800mm的涂塑钢管，每次修复时间宜为2～10min；涂层修补可采用聚乙烯（PE）或环氧树脂（EP）；

7 所修补的涂层应满足涂塑钢管出厂检验的相关要求。

4.6.14 涂塑钢管受机械损伤涂层厚度减薄，当损伤部位的厚度小于正常厚度的70％时，必须对减薄的涂层进行修补。

4.6.15 涂塑钢管施工完成后应采用电火花检漏仪对管道进行检查，对缺损处的涂层必须进行修补。

4.7 支吊架安装

4.7.1 建筑给水复合管道系统应按设计规定设置固定支架或滑动支架。

4.7.2 建筑给水复合管道支、吊架间距应符合下列规定：

1 外壁为钢管的偏刚性复合管，其间距应符合现行国家标准《建筑给水排水及采暖工程施工质量验收规范》GB 50242 的规定；

2 中性复合管和偏塑形复合管，其间距应符合国家现行标准《建筑给水排水及采暖工程施工质量验收规范》GB 50242 中对塑料管及复合管管道支架（立管、横管）的规定。

4.7.3 建筑给水复合管道支、吊、托架的安装应符合下列规定：

1 位置应正确，埋设应平整牢固；

2 固定支架与管道的接触应紧密，固定应牢靠；

3 滑动支架应灵活，滑托与滑槽两侧间应留有3～5mm的间隙，纵向位移量应符合设计要求；

4 无热伸长管道的吊架、吊杆应垂直安装；

5 有热伸长管道的吊架、吊杆应向热膨胀的反方向偏移；

6 固定在建筑结构上的管道支、吊架不得影响结构的安全。

4.7.4　钢塑复合管、内衬不锈钢复合钢管和管道立管的管卡安装应符合下列规定：

1　当楼层高度小于或等于 5m 时，每层的每根管道必须安装不少于 1 个管卡；

2　当楼层高度大于 5m 时，每层的每根管道必修安装的管卡不得少于 2 个；

3　当每层的每根管道安装 2 个以上管卡时，安装位置应匀称；

4　管卡安装高度应距地面 1.5～1.8m，且同一房间的管卡应安装在同一高度上。

4.7.5　外壁为塑料层的复合管道，当采用金属制作的管道支架时，应在管道与支架间衬垫非金属垫片或套管。

4.7.6　当管道采用沟槽式连接时，应在下列位置增设固定支架：

1　进水立管的底部；

2　立管接出支管的三通、四通、弯头的部位；

3　立管的自由长度较长而需要支承立管重量的部位；

4　横管接出支管与支管接头、三通、四通、弯头等管件连接的部位；

5　管道设置补偿器，需要控制管道伸缩的部位。

4.8　试压

4.8.1　室内给水管道的水压试验必须符合设计要求。当设计未注明时，各种材质的给水管道系统试验压力均为工作压力的 1.5 倍，但不得小于 0.6MPa。

4.8.2　偏刚性复合管给水系统在试验压力下观测 10min，压力降不应大于 0.02MPa，然后降到工作压力进行检查，应不渗不漏，同时检查各连接处有无渗漏；中性复合管和偏塑型复合管给水系统应在试验压力下稳压 1h，压力降不得超过 0.05MPa，然后在工作压力的 1.15 倍状态下的稳压 2h，压力降不得超过 0.03MPa，同时检查各连接处是否渗漏。

4.8.3　当在温度低于 5℃的环境下进行水压试验时，应采取可靠的防冻措施。试验结束后应将管道内的存水排尽。

4.9　消毒、清洗

4.9.1　当在温度当在温度低于 5℃的环境下进行通水试验时，应采取可靠的防冻措施。试验结束后应将管道内的存水排尽。

4.9.2　生活饮用水管道在试压合格后，应按规定在竣工验收前进行冲洗消毒。管道的冲洗和消毒经有关部门取样检验，符合国家《生活饮用水卫生标准》

GB 5749—2006。

5 质量标准

5.1 主控项目

5.1.1 水压试验：试验方法和参数满足设计的要求。当设计未注明时，管道系统试验压力为工作压力的 1.5 倍，但不得小于 0.6MPa；若热水管道，水压试验压力应为系统顶点的工作压力加 0.1MPa，同时在系统定点的试验压力不小于 0.3MPa。偏刚性复合管给水系统在试验压力下观测 10min，压力降不应大于 0.02MPa，然后降到工作压力进行检查，应不渗不漏，同时检查各连接处不得渗漏；中性复合管和偏塑型复合管给水系统应在试验压力下稳压 1h，压力降不得超过 0.05MPa，然后在工作压力的 1.15 倍状态下的稳压 2h，压力降不得超过 0.03MPa，同时检查各连接处是否渗漏。

5.1.2 通水试验：给水系统交付使用前必须进行通水试验并做好记录。

5.1.3 管道的冲洗和消毒：经有关部门取样检验，符合国家《生活饮用水卫生标准》GB 5749—2006。

5.1.4 热水管道的补偿：热水供应管道应尽量利用自然弯补偿热伸缩，直线段过长则应设置补偿器。补偿器型式、规格、位置应符合设计要求，并按有关规定进行预拉伸。

5.2 一般项目

5.2.1 焊接连接的焊缝表面质量：焊缝外形尺寸应符合图纸和工艺文件的规定，焊缝高度不得低于母材表面，焊缝与母材应圆滑过渡；焊缝及热影响区表面应无裂纹、未熔合、未焊透、夹渣、弧坑和气孔等缺陷。

5.2.2 水平管道的坡度：应有 2‰～5‰ 的坡度坡向泄水装置。

5.2.3 管道安装的允许偏差：管道的安装误差符合表 5-4 的要求。

给水管道和阀门安装的允许偏差   表 5-4

项次	项目			允许偏差（mm）
1	水平管道纵横方向弯曲	塑料管复合管	每米	1.5
			全长 25m 以上	≤25
2	立管垂直度	塑料管复合管	每米	1.5
			全长 25m 以上	≤25
3	成排管段和成排阀门		在同一平面上间距	3

注：偏刚性复合管验收要求宜按钢管执行；中性复合管和偏塑性复合管宜按照塑料管复合管执行。

5.2.4 管道支吊架安装应平整牢固，其间距符合表 5-5 和表 5-6 的要求。

钢管管道支架的最大间距　　　　　　　　　　　表 5-5

管径（mm）		15	20	25	32	40	50	70	80	100	125	150	200	250	300
最大间距（m）	保温管	2	2.5	2.5	2.5	3	3	4	4	4.5	6	7	7	8	8.5
	不保温管	2.5	3	3.5	4	4.5	5	6	6	6.5	7	8	9.5	11	12

注：偏刚性复合管，宜按此表验收。

复合管道支架的最大间距　　　　　　　　　　　表 5-6

管径（mm）			12	14	16	18	20	25	32	40	50	63	75	90	110
最大间距（m）	立管		0.5	0.6	0.7	0.8	0.9	1.0	1.1	1.3	1.6	1.8	2.0	2.2	2.4
	水平管	热水	0.4	0.4	0.5	0.5	0.6	0.7	0.8	0.9	1.0	1.1	1.2	1.35	1.55
		冷水	0.2	0.2	0.25	0.3	0.3	0.35	0.4	0.5	0.6	0.7	0.8		

注：中性复合管和偏塑性复合管宜按此表验收。

5.2.5 热水管道的保温结构符合表 5-7 要求。

管道和设备保温安装的允许偏差　　　　　　　　表 5-7

项次	项目		允许偏差（mm）
1	厚度		$+0.1\delta$，-0.05δ
2	表面平整度	卷材	5
		涂抹	10

注：δ 为保温层厚度。

6　成品保护

6.0.1 在施工过程中，应防止管材、管件与酸、碱等有腐蚀性液体和污物接触。受污染的管材、管件，其内外污垢和杂物应清理干净后方可安装。

6.0.2 管道安装间歇或完成后，敞口处应及时封堵。

6.0.3 接头冷却期间，严禁对其施加任何外力。

7　注意事项

7.1　应注意的质量问题

7.1.1 施工现场与材料贮放场地温差较大时，应与安装前将管材和管件在现场放置一定时间，使其温度接近施工现场的环境温度。

7.1.2 安装焊接时，应将管道两头堵上，避免管内通风。

7.1.3 严禁安装好的管材、管件隔天焊接。

7.1.4 严禁管件与管材连接部位接触水。

7.1.5 严禁管件与管材承插不到位。

7.2 应注意的安全问题

7.2.1 复合管道系统试压时，管道旁和管道端部严禁站人。

7.2.2 操作现场不得有明火（焊接连接时除外），严禁对复合管材进行明火烘弯。

7.2.3 在平滑地面登梯作业时，梯脚应有防滑措施，梯子与地面斜角以 $60°\sim70°$ 为宜，梯下应有人监护。

7.3 应注意的绿色施工问题

7.3.1 严格粘接剂使用管理，尤其防止倾洒，污染大气环境。

7.3.2 涂塑钢管现场补塑时，对钢管喷射严格控制噪声及灰尘。

7.3.3 施工中产生的边角料、废料及拆除的废旧管材应及时回收，不得按一般垃圾处理。

8 质量记录

8.0.1 施工图、竣工图及变更文件。

8.0.2 管材、管件及其他主要材料的出厂合格证。

8.0.3 中间试验和隐蔽工程验收记录。

8.0.4 工程质量事故处理记录。

8.0.5 检验批、分项、子分部、分部工程质量验收记录。

8.0.6 管道系统的通水能力检验和水压试验记录。

8.0.7 生活给水管道的冲洗消毒记录。

第6章 卫生器具安装

本工艺标准适用于一般民用和公共建筑工程中卫生器具的安装。

1 引用文件

《建筑给水排水及采暖工程施工质量验收规范》GB 50242—2002

2 术语

3 施工准备

3.1 作业条件

3.1.1 所有与卫生器具连接的给水管道水压试验已完毕，并已做好隐蔽验收手续；

3.1.2 所有与卫生器具连接的排水管道灌水试验已完毕，并已做好隐蔽验收手续；

3.1.3 对卫生洁具配件进行清点，确保其数量和接口与管路系统配套；

3.1.4 落实所安装的蹲便器是否自带存水弯，以防与排污管道的存水弯重复，造成蹲便器的排水不畅；

3.1.5 蹲便器应在地面台阶砌筑前安装；

3.1.6 浴缸（盆）应待土建防水层及保护层完成后配合土建安装，其他卫生器具应待卫生间内装修基本完成后再进行安装。

3.2 材料及机具

3.2.1 主要材料：镀锌管件、角阀、水嘴、存水弯、排水口、镀锌燕尾螺栓等。

3.2.2 辅助材料：胶皮板、铜丝、油灰、螺丝、铅油、麻丝、白水泥、白灰膏等。

3.2.3 主要机具：套丝机、砂轮机、手电钻、冲击钻等。

3.2.4 辅助机具：管钳、手锯、剪子、活扳手、手锤、錾子、克丝钳、方锉、圆锉、螺丝刀、水平尺、划规、线坠、小线、盒尺等。

4 操作工艺

4.1 工艺流程

放线定位 → 支架安装 → 卫生器具安装 → 零配件安装 → 卫生器具与墙、地缝隙处处理 → 灌（满）水和通水试验

4.2 操作方法

4.2.1 放线定位

1 依据表 6-1 确定卫生器具安装高度。

卫生器具安装高度 表 6-1

卫生器具名称		安装高度（mm）		备注
		居住和公共建筑	幼儿园	
污水盆 （池）	架空式	800	800	
	落地式	500	500	
洗涤盆（池）		800	800	
洗脸盆、洗手盆		800	500	自地面至器具上边缘
盥洗槽		800	500	
浴盆		≤520	—	
蹲式大便器	高水箱	1800	1800	自台阶面至高水箱
	低水箱	900	900	自台阶面至低水箱
坐式大便器	低水箱	外露排出管式 510	—	自地面至低水箱
		虹吸喷射式 470	370	
小便器	挂式	600	450	自地面至下边缘
小便槽		200	150	自地面至台阶面
大便槽冲洗水箱		≥2000	—	自台阶至水箱底
妇女卫生盆		360	—	自地面至器具上边缘
化验盆		800	—	自地面至器具上边缘

2 根据土建 500mm 标高线、建筑施工图及卫生器具安装高度确定卫生器具的安装位置。

4.2.2 支架安装

1 支架制作

(1) 支架采用型钢，螺栓孔不得使用电气焊开孔、扩孔或切割。

(2) 支架制作应牢固、美观，孔眼及边缘应平整光滑，与器具接触面吻合。

(3) 支架制作完成后进行防腐处理。

2 支架安装

(1) 钢筋混凝土墙：找好安装位置后，用墨线弹出准确坐标打孔后直接使用膨胀螺栓固定支架。

(2) 砖墙：用 $\phi20$ 的冲击钻在已经弹出的坐标点上打出相应深度的孔，将洞内杂物清理干净，放入燕尾螺栓，用强度等级不小于 32.5 级的水泥捻牢。

(3) 轻钢龙骨墙：找好位置后，应增加加固措施。

(4) 轻质隔板墙：固定支架时应打透墙体，在墙的另一侧增加薄钢板固定，薄钢板必须嵌入墙面内，外表与土建装饰面抹平。

3 支架安装过程中应注意和土建防水工序的配合，如对其防水造成破坏，应及时通知土建处理。

4.2.3 卫生器具安装

卫生器具在安装前应进行检查、清洗。配件与卫生器具应配套。部分卫生器具应先进行预制再安装。

1 高低位水箱蹲便器安装

(1) 将胶皮碗套在蹲便器进水口上，要套正套实，用成品喉箍紧固（或用 $14^\#$ 铜丝分别绑两道，但不允许压结在一条线上，铜丝拧紧要错位 $90°$ 左右）。

(2) 将预留排水管口周围清扫干净，把临时管堵取下，同时检查管内有无杂物。找出排水管口的中心线，并画在墙上，用水平尺（或线坠）找好竖线。

(3) 将下水管承口内抹上油灰，蹲便器位置下铺垫白灰膏，然后将蹲便器排水口插入排水管承口内稳好。同时用水平尺放在蹲便器上沿，纵横双向找平、找正。使蹲便器进水口对准墙上中心线。同时蹲便器两侧用砖砌好抹光，将蹲便器排水口与排水管承口接触处的油灰压实、抹光。最后将蹲便器排水口用临时堵封好。

(4) 安装多联蹲便器时，应先检查排水管口标高、甩口距墙尺寸是否一致。找出标准地面标高，向上测量好蹲便器需要的高度。

(5) 高水箱安装应在蹲便器安装之后进行。首先检查蹲便器的中心与墙面中心线是否一致，如有错位应及时进行调整，以蹲便器不扭斜为宜。确定水箱出水口中心位置，向上测量出规定高度（箱底距台阶面 1.8m）。同时结合高水箱固定孔与给水孔的距离找出固定螺栓高度位置，在墙上画好十字线，剔成 $\phi 30 \times 100mm$ 深的孔眼，用水冲净孔眼内杂物，将燕尾螺栓插入洞内用水泥捻牢。将装好配件的高水箱挂在固定螺栓上，加胶垫、眼圈，带好螺母拧至松紧适度。

（6）多联高低水箱应按上述做法先挂两端的水箱，然后挂线拉平、找直，再稳装中间水箱。

（7）延时自闭冲洗阀的安装：冲洗阀的中心高度为 1100mm。根据冲洗阀至胶皮碗的距离，断好 90°弯的冲洗管，使两端合适。将冲洗阀锁母和胶圈卸下，分别套在冲洗管直管段上，将弯管的下端插入胶皮碗内 40～50mm，用喉箍卡牢。再将上端插入冲洗阀内，推上胶圈，调直找正，将锁母拧至松紧适度。

2　坐便器安装

（1）清理坐便器预留排水口，取下临时管堵，检查管内有无杂物。

（2）将坐便器出水口对准预留排水口放平找正，在坐便器两侧固定螺栓眼处做好标识。

（3）在标识处用冲击电钻打孔，栽入膨胀螺栓，将坐便器试稳，使固定螺栓与坐便器吻合。移开坐便器，将坐便器排水口及排水管口周围抹上油灰后将坐便器对准螺栓放平，找正，进行安装。

3　洗脸盆安装

（1）挂式洗脸盆安装

1）按照排水管中心在墙上画出竖线，由地面向上量出规定高度，画出水平线，根据盆宽在水平线上做好标识，装好支架。

2）将脸盆置于支架上找平找正后将架钩钩在盆下固定孔内，拧紧盆架的固定螺栓，找平找正。

（2）柱式洗脸盆安装

1）按照排水管口中心画出竖线，立好支柱，将脸盆中心对准竖线放在立柱上，找平后在脸盆固定孔眼位置栽入支架。

2）将支柱在地面位置做好标识，并放好白灰膏，稳好支柱和脸盆，将固定螺栓加橡胶垫、垫圈，带上螺母拧至松紧适度。

3）脸盆面找平、支柱找直后将支柱与脸盆接触处及支柱与地面接触处用白水泥勾缝抹光。

（3）台式洗脸盆安装

待装饰做好台面后，按照上述方法固定脸盆并找平找正，盆与台面的缝隙处用密闭膏封好，防止漏水。

4　净身盆安装

（1）清理排水预留管口，取下临时管堵，检查有无杂物。将净身盆排水三通下口铜管装好。

（2）将净身盆排水管插入预留排水管口内，将净身盆稳平找正，做好固定螺栓孔眼和底座的标识，移开净身盆。

（3）在固定螺栓孔标记处栽埋膨胀螺栓，将净身盆孔眼对准螺栓放好，与原标识吻合后再将净身盆下垫好白灰膏，排水铜管套上护口盘。净身盆稳牢、找平、找正。固定螺栓上加胶垫、眼圈，拧紧螺母。清除余灰，擦拭干净。将护口盘内加满油灰余地面按实。将净身盆底座与地面缝隙处嵌入白水泥浆补齐、抹光。

5　挂式小便器安装

（1）根据排水口位置画一条垂线，由地面向上量出规定的高度并画一水平线，根据小便器尺寸在横线上作好标识，再画出上、下孔眼的位置。

（2）在孔眼位置栽入支架，托起小便器挂在螺栓上。把胶垫、垫圈套入螺栓，将螺母拧至松紧适度。将小便器与墙面的缝隙嵌入白水泥膏补齐、抹光。

6　立式小便器安装

立式小便器安装前应检查给排水预留管口是否在一条垂线上，间距是否一致，符合要求后按照管口找出中心线，将下水管周围清理干净，取下临时管堵，抹好油灰，在立式小便器下铺垫水泥、白灰膏的混合灰（比例为1∶5）。将立式小便器稳装找平、找正。立式小便器与墙面、地面缝隙嵌入白水泥浆抹平、抹光。

7　洗涤盆安装

（1）将盆架和洗涤盆进行试装，检查是否相符。

（2）将冷、热水预留管之间画一平分垂线（只有冷水时，家具盆中心应对准给水管口）。由地面向上量出规定的高度，画出水平线，按照洗涤盆架的宽度做好标识，栽埋膨胀螺栓，安装好盆架。

（3）将洗涤盆放于支架上使之与支架吻合，洗涤盆靠墙一侧缝隙处嵌入白水泥浆勾缝抹光。

（4）有台面的洗涤盆安装方法同台式洗脸盆。

8 浴缸（盆）安装

（1）浴缸（盆）安装前应先检查安装位置的底部及周边防水处理情况和侧面溢流口外侧排水管的垫片和螺帽的拼紧状况，确保密封无泄漏，检查排水位杆动作是否操作灵活。

（2）在浴缸（盆）下口靠墙周边砌一圈立砖作浴缸（盆）周边支架。

（3）浴缸（盆）底部下水管及基础处理：铸铁、钢板、亚克力浴缸的下水管必须采用 PVC 硬管或金属管道造接，需采用插入法安装，插入下水孔的深度为≥50mm，经放水试验确定无渗漏后再进行正面封闭。

（4）亚克力浴缸安装底部应用黄沙填充，严禁使用砖垫、混凝土、水泥砂浆等硬性材料作填充物。

（5）安装浴缸时应在对应的下水管部位留出检修孔。

（6）浴缸（盆）周边的墙砖必须在浴缸（盆）安装好后再进行辅贴，使墙砖立于浴缸（盆）周边上，以防止水沿墙面渗入浴缸（盆）底部。

（7）墙砖与浴缸（盆）应周边留出 1~2mm 间隙用硅胶封闭以防止胀缩的因素使墙砖和浴缸的瓷面产生爆裂。

（8）浴缸安装的水平度必须≤2mm，浴缸龙头安装必须保持平顺。

（9）按摩浴缸的电源必须采用插座连接。电机的试运转必须先放水、后开机、水量由小到大进行调试。

4.2.4 器具试验

1 器具安装完成后，应进行灌（满）水和通水试验，试验前应检查地漏是否畅通，分户阀门是否关好，然后按层段分房间逐一进行试验。

2 试验时临时封堵排水口，将器具灌满水后检查各连接件不渗不漏；打开排水口，排水畅通为合格。

5 质量标准

5.1 主控项目

5.1.1 排水栓和地漏的安装应平正、牢固，低于排水表面，周边无渗漏。地漏水封高度不得小于 50mm。检查方法：试水观察。

5.1.2 卫生器具交工前应做满水和通水试验。检验方法：满水后各连接件不渗不漏；通水试验给、排水畅通。

5.2　一般项目

5.2.1　卫生器具安装的允许偏差应符合表 6-2 的规定。

卫生器具安装的允许偏差和检验方法　　　　　表 6-2

项目		允许偏差（mm）		检验方法
		国标、行标	企标	
坐标	单独器具	10	8	拉线、吊线和尺量检查
	成排器具	5	5	
标高	单独器具	±15	±13	
	成排器具	±10	±8	
器具水平度		2	1	用水平尺和尺量检查
器具垂直度		3	1	用吊线和尺量检查

5.2.2　有饰面的面盆、浴盆，应留有通向排水口的检修门。检查方法：观察。

5.2.3　小便槽冲洗管，应采用镀锌钢管、不锈钢管或硬质塑料管。冲洗孔应斜向下安装，冲洗水流向墙面成 45°。镀锌钢管钻孔后应进行二次镀锌。检查方法：观察。

5.2.4　卫生器具的支、托架必须防腐良好，安装平整、牢固，与器具接触紧密、平稳。检查方法：观察和手扳检查。

6　成品保护

6.0.1　器具在搬运和安装时要防止磕碰。安装后洁具排水口应用防护用品堵好，镀铬零件用纸包好，以免堵塞或损坏。

6.0.2　在贴好瓷砖的墙面开孔洞时，宜用手电钻或先用小錾子轻剔掉釉面，待剔至砖底灰层处方可用力，但不得过猛，以免将面层剔碎或震成空鼓现象。

6.0.3　洁具稳装后，为防止配件丢失或损坏，配件宜在竣工前统一安装。

6.0.4　安装完的洁具应加以保护，防止洁具瓷面受损或整个洁具损坏。

6.0.5　通水试验前应检查地漏是否畅通，分户阀门是否关好，然后按层段分房间逐一进行通水试验，以免漏水使装修工程受损。

6.0.6　在冬季室内不通暖时，各种洁具必须将水放净。存水弯应无积水，以免将洁具和存水弯冻裂。

7 注意事项

7.1 应注意的质量问题

7.1.1 蹲便器不平，左右倾斜。

7.1.2 高、低水箱拉、扳把不灵活。

7.1.3 零件镀铬表面被破坏。

7.1.4 坐便器周围离开地面。

7.1.5 立式小便器距墙缝隙太大。

7.1.6 洁具溢水失灵。

7.1.7 通水之前，将器具内污物清理干净，不得借通水之便将污物冲入下水管内，以免管道堵塞。

7.1.8 严禁使用未经过滤的白会粉代替白灰膏稳装卫生设备，避免造成卫生设备胀裂。

7.2 应注意的安全问题

7.2.1 使用电动工具时，应核对电源电压，遵守电器工具安全操作规程。

7.2.2 器具在搬运及安装中要轻拿轻放，以免造成洁具损坏或人身伤害。

7.3 应注意的绿色施工问题

7.3.1 所有的包装物、边角料应集中堆放，装袋清运到指定地点。

7.3.2 用于各种试验的临时排水应排入专门的排水沟。

8 质量记录

8.0.1 产品合格证和检验报告。

8.0.2 应有卫生器具及配件的产品进入现场的验收记录。

8.0.3 样板间检验鉴定记录。

8.0.4 卫生器具安装检验批、分项工程质量检验评定。

8.0.5 卫生器具通水、满水试验记录。

第7章 散热器安装

本工艺标准适用于灰铸铁长翼型、圆翼型、柱型和 M132 型散热器；钢制扁管型、板型、柱型和串片型散热器及板式直管太阳能热水器的安装。

1 引用标准

《建筑给水排水及采暖工程施工质量验收规范》GB 50242—2002

2 术语（略）

3 施工准备

3.1 材料及机具

3.1.1 散热器（铸铁、钢制）：散热器的型号、规格、使用压力必须符合设计要求，并有产品质量证明书；散热器不得有砂眼、对口面凹凸不平、偏口、裂缝和上下口中心距不一致等缺陷。翼型散热器翼片完好。钢串片的翼片不得松动、卷曲、碰损。钢制散热器丝扣端正、松紧适宜、油漆完好，整组炉片不翘楞。

3.1.2 散热器的组对零件：对丝、炉堵、炉补心、丝扣圆翼法兰盘、弯头、弓形弯管、短丝、三通、活接头、螺栓螺母应符合质量要求，石棉橡胶垫厚度以 1～1.5mm 为宜，并符合使用压力要求。

3.1.3 太阳能热水器的类型应符合设计要求。成品应有产品质量证明书及安装使用说明书。

3.1.4 集热器

1 透明罩要求对短波太阳辐射的透过率高，对长波热辐射的反射和吸收率高，耐气候性、耐久、耐热性好，质轻并有一定强度。

2 板和集热管表面应为黑色涂料，应具有耐气候性，附着力大，强度高。

3 集热管要求导热系数高，内壁光滑，水流摩阻小，不易锈蚀，不污染水质，强度高，耐久性好（宜采用铜管和不锈钢管）；一般采用镀锌碳素钢管或合金铝管。筒式集热器可采用厚度2～3mm的塑料管（硬聚氯乙烯）等。

4 集热板应有良好的导热性和耐久性，不易锈蚀，宜采用铝合金板，铝板、不锈钢板或经防腐处理的钢板。

5 集热器应有保温层和外壳，保温层可采用矿棉、玻璃棉、泡沫塑料等，外壳可采用木材、钢板、玻璃钢等。

6 热水系统的管材与管件宜采用镀锌碳素钢管及管件。

3.1.5 主要机具

1 机具：台钻、手电钻、冲击钻、电动试压泵、砂轮锯、套丝机、垂直吊运机等。

2 工具：铸铁散热器组对架子、对丝钥匙、压力案子、管钳、铁刷子、手锤、活扳手、套丝板、錾子、钢锯、丝锥、手动试压泵等。

3 其他用具：水平尺、钢卷尺、钢直尺、线坠、压力表、量角器等。

3.2 作业条件

3.2.1 散热器组对场地有水源、电源。

3.2.2 铸铁散热片、炉钩和卡子均已除锈干净，并涂上防锈底漆。螺纹部分和连接用对丝，亦应除锈，并涂上机油。

3.2.3 室内采暖干管、立管安装完毕，支管预留口的位置正确，标高符合要求。

3.2.4 散热器安装应在墙面粉刷和散热器涂完面漆后进行。

3.2.5 设置在屋面上的太阳能热水器，应在屋面保护层做完后进行安装。

3.2.6 位于阳台上的太阳能热水器，应在阳台栏板安装完并有安全防护措施方可进行。

3.2.7 太阳能热水器的安装位置，应保证充分的日照强度。

4 操作工艺

4.1 散热器组对与安装工艺流程

散热器组对 → 散热器单组水压试验 → 炉钩和固定卡安装 → 散热器安装 →

散热器放风门安装 → 支管安装 → 系统试压

4.2 散热器组对前，按施工图分段、分层、分规格统计出散热器的组数、每组片数列表，以便组对和安装时使用。

4.2.1 组对前根据散热器规格型号要备有散热器组对架子或制作临时组对架。

4.2.2 散热器组对前，应将内部污物清理干净，用钢丝刷除锈后涂上防锈底漆。螺纹部分和连接用对丝，亦应除锈，并涂上机油。

4.2.3 散热片的每个密封面用细砂布打磨干净，直至露出金属光泽。

4.2.4 散热器的对口垫片应使用成品，组对后垫片外露不应大于1mm。垫片材质一般应符合表7-1规定。

垫片材质　　　　　　　　　　　　　　　　　表7-1

项次	热媒	垫片材质
1	低温热水	普通橡胶
2	高温热水	耐热橡胶
3	蒸汽	石棉橡胶

4.2.5 按统计表的数量规格进行组对，组对散热器片前，做好丝扣的选试。

4.2.6 组对铸铁散热器时应使用以高碳钢材料制成的专用钥匙。准备三把，两把短的用作组对，长度约450mm，一把长的用作修理，其长度应与片数最多的一组散热器等长。

4.2.7 组对时应将第一片平放在组对架上，且应正扣朝上，先将两个对丝的正扣分别拧入暖气片上下接口1~2扣，再将环形密封垫套在对丝上然后将另一片的反扣分别对准上、下位的反扣，最后用两把钥匙将它们锁紧。

4.2.8 锁紧暖气片应由两个人同时操作，钥匙的方头应正好卡在对丝内部的突缘处，转动钥匙要步调一致，不得造成旋入深度不一致。当两片暖气片的密封面相接触后，应减慢转动速度，直至被挤出油为止，照此逐片组对至所需的片数为止。

4.2.9 当组对的片数达到设计要求后，再根据进出水方向为散热器上补心及丝堵。

4.3 散热器水压试验

4.3.1 散热器组对后，以及整组出厂的散热器在安装之前应做水压试验。

试验压力如设计无要求时应为工作压力的 1.5 倍，但不小于 0.6MPa。试验时间为 2～3min，压力不降且不渗不漏。

4.3.2 将散热器抬到试压台上，用管钳子上好临时丝堵和临时补心，上好放气阀，联接试压泵。各种成组散热器可直接联接试压泵。试压时打开进水截门，往散热器内充水，同时打开放气阀，排净空气，待水满后关闭放气阀。

4.3.3 如有渗漏应做出标记，将水放尽，卸下丝堵或补心，用长钥匙从散热器外部量到漏水接口部位，在钥匙杆上做上标记，将钥匙从散热器对丝孔中伸入至标记处，按丝扣旋紧的方向拧动钥匙，使接口继续上紧或卸下换垫。钢制散热器如有砂眼渗漏可补焊，返修后再进行水压试验，直到合格。不能用的坏片要作明显标记，防止误组对。

4.3.4 打开泄水阀门，拆掉临时丝堵和临时补心，泄净水后将散热器运到集中地点。补焊处要补刷二道防锈漆。

4.4 炉钩和固定卡安装

4.4.1 柱型带腿散热器固定卡安装：从地面到散热器总高的 3/4 画水平线，与散热器中心线交点画印记，此点为 15 片以下的双数片散热器的固定卡位置，单片数向一侧错开即可。16 片以上者应栽两个固定卡，高度仍在散热器 3/4 高度的水平线上，从散热器两端各进去 4～6 片的地方栽入。

4.4.2 挂装柱型散热器：炉钩高度应按设计要求并从散热器的距地高度上返 45mm 画水平线。炉钩水平位置采用画线尺来确定，画线尺横担上刻有散热片的刻度。画线时应根据片数及炉钩数量分布的相应位置，画出炉钩安装位置的中心线，挂装散热器的固定卡高度从炉钩中心上返散热器总高的 3/4 画水平线，其位置与安装数量同带腿片安装。

4.4.3 圆翼型及辐射对流散热器（FDS—Ⅰ型～Ⅲ型）：圆翼型炉钩位置应为法兰外口往里返 50mm。辐射对流散热器的安装方法同柱型散热器，固定卡的高度为散热器上缺口中心。

4.4.4 钢制闭式串片型、钢制板式及长翼型：固定支架的位置按设计高度和各种散热器的具体尺寸、片数分别确定。

4.4.5 各类散热器的支托架数量如设计无要求，应符合表 7-2 的规定。

散热器支架、托架数量　　　　　　　　　　　表 7-2

散热器型号	安装方式	每组片数	上部托钩或卡架个数	下部托钩或卡架个数	合计（个）
长翼型	挂墙	2～4	1	2	3
		5	2	2	4
		6	2	3	5
		7	2	4	6
M132 柱型 柱翼型	挂墙	3～8	1	2	3
		9～12	1	3	4
		13～16	2	4	6
		17～20	2	5	7
		21～25	2	6	8
M132 柱型 柱翼型	带足落地	3～8	1	—	1
		9～12	1	—	1
		13～16	2	—	2
		17～20	2	—	2
		21～25	2	—	2
扁管、板式	挂墙	1	2	2	4
串片型	挂墙	每根长度小于 1.4m			2
		长度在 1.6～2.4m			3
		多根串连托钩间距不大于 1m			—

4.4.6 用錾子或冲击钻等在墙上按画出的位置打孔洞。散热器支托架栽入墙面尺寸（不包括抹灰层）应不小于 110mm（使用膨胀螺栓应按膨胀螺栓的要求深度）。

4.4.7 用水冲净洞内杂物，填入水泥砂浆到洞深的一半时，将支、托架插入洞内塞紧，支、托架找平找正后，填满砂浆抹平。

4.5　散热器安装

4.5.1 散热器安装应在支、托架安装牢固和墙面抹灰面完成后进行（可与土建协商先抹散热器后墙面）。

4.5.2 将柱型散热器（包括铸铁和钢制）和辐射对流散热器的炉堵和炉补心抹油，加石棉橡胶垫后拧紧。

4.5.3 带腿散热器安装。炉补心正扣一侧朝着立管方向，将固定卡里边螺母上至距离符合要求的位置，套上两块夹板，固定在里柱上，带上外螺母，把散热器推到固定的位置，再把固定卡的两块夹板横过来放平正，将散热器找直、找正、垫牢后上紧螺母。

4.5.4　将挂装柱型散热器和辐射对流散热器轻轻抬起放在炉钩上立直，将固定卡摆正拧紧。

4.5.5　圆翼型散热器安装。将组对好的散热器抬起，轻轻放在炉钩上找直找正。多排串联时，先将法兰临时上好，然后量出尺寸，配管连接。

4.5.6　钢制闭式串片式和钢制扳式散热器抬起挂在固定支架上，带上垫圈和螺母，紧到一定程度后找平找正，再拧紧到位。

4.5.7　对于炉渣空心砖、加气混凝土砖墙上安装的散热器，要在图纸会审中提出解决，可将支托架处改砌实心黏土砖砌体，土建安装单位要做好配合工作。

4.5.8　20 片（M132 型 15 片）及其以上的柱型散热器应加外拉条，每组散热器可均称加设两根，从两个端片分别相邻的一片开始拉设，在每根外拉条端头套好骑码，找直后用板子均匀拧紧，丝扣不得外露。

4.5.9　散热器放风门安装应按设计要求，将需要打放风门眼的炉丝堵放在台钻上打 ϕ8.4 的孔，在台虎钳上用 1/8″丝锥攻丝，将炉丝堵抹上铅油，加好石棉橡胶垫，在散热器上用管钳子上紧。在放风门丝扣上抹铅油，缠少许麻丝，拧在炉丝堵上，用扳子上到松紧适度（宜在验收前安装）。

4.5.10　散热器背面与装饰后的墙内表面距离，应符合设计或产品说明书要求。如设计未规定，应符合表 7-3 的规定。

散热器背面与墙内表面距离 表 7-3

散热器型式	闭式串片、板式、扁管式	M132、柱型、柱翼型、长翼型
散热器背面与墙内表面距离（mm）	30	25～40

4.5.11　散热器顶部与窗台板底间距不小于 50mm，挂装散热器距地面应不小于 150～200mm，散热器中心与窗台中心应重合，同房间的散热器，应安装在同一高度上。

5　质量标准

5.1　主控项目

5.1.1　散热器安装前的水压试验应符合设计要求。

5.1.2　太阳能热水器系统的水压试验应符合设计或产品说明书要求。

5.1.3 太阳能热水器系统交付使用前必须进行冲洗或吹洗。

5.2 一般项目

5.2.1 散热器组对应平直紧密，组对后的平直度应符合表7-4规定。

组对后的散热器平直度允许偏差　　　　　表7-4

项次	散热器类型	片数	允许偏差（mm）
1	长翼型	2～4	4
		5～7	6
2	铸铁片式 钢制片式	3～15	4
		16～25	6

5.2.2 散热器支架、托架安装位置应准确、埋设平正牢固。散热器的支托架数量应符合设计或产品说明书要求。

5.2.3 铸铁或钢制散热器表面的防腐及面漆应附着良好，色泽均匀，无脱落、起泡和漏涂缺陷。

5.2.4 散热器安装允许偏差应符合表7-5的规定。

散热器安装允许偏差和检验方法　　　　　表7-5

项次	项目	允许偏差（mm）
1	散热器背面与墙内表面距离	3
2	与窗中心线或设计定位尺寸	20
3	散热器垂直度	3

5.2.5 太阳能热水器安装的允许偏差应符合表7-6的规定。

太阳能热水器安装的允许偏差　　　　　表7-6

项目			允许偏差（mm）
板式直管太阳能热水器	标高	中心线距地面	±20
	固定安装朝向	最大偏移角	不大于150

6 成品保护

6.0.1 散热器组对、试压安装过程中要立向抬运，码放整齐。在土地上操作放置时下面要垫木板，防止摔碰或触地生锈。

6.0.2 散热器往室内搬运时，应注意对土建成品的保护并防止散热设备碰撞和损坏。

6.0.3 钢制串片散热器在运输和焊接过程中防止将叶片碰倒，安装后不得随意蹬踩，应将卷曲的叶片整修平整。

6.0.4 喷浆前应采取措施保护已安装好的散热器，防止污染，保证清洁。

6.0.5 集热器在运输和安装过程中应有保护措施，防止玻璃破损。

6.0.6 温控仪表应在交工前安装，防止丢失和损坏。

7 注意事项

7.1 应注意的质量问题

7.1.1 散热器安装位置不一致。

7.1.2 散热器安装不稳固。

7.1.3 炉钩炉卡不牢不正。

7.1.4 太阳能热水器的集热效果不好：

1 集热器的安装方位和倾角不正确，不能保证最佳日照强度。

2 调整上下循环管的坡度和缩短管路。防止气阻滞流和减少阻力损失。

3 太阳能热水器安装时，避免设在烟囱和其他产生烟尘设施的下风向，以防烟尘污染透明罩影响透光。

4 太阳能热水器应避开风口，以减少热损失。

8 质量记录

8.0.1 材料设备出厂合格证。

8.0.2 材料及设备进场检验记录。

8.0.3 散热器试压记录。

8.0.4 管路系统隐蔽检查记录。

8.0.5 管路系统试压记录。

8.0.6 系统冲洗记录。

8.0.7 系统调试记录。

8.0.8 分部、子分部、分项、检验批工程质量验收记录。

第8章 低温热水地板辐射采暖系统安装

本标准适用于民用建筑供水温度 35～50℃且不应超过 60℃，供、回水温差宜小于或等于 10℃，系统的工作压力不应大于 0.8MPa 的地板辐射采暖系统安装工程。

1 引用标准

《建筑给水排水及采暖工程施工质量验收规范》GB 50242—2002
《建筑地面工程施工质量验收规范》GB 50209—2010
《绝热用模塑聚苯乙烯泡沫塑料》GB/T 10801.1—2002
《绝热用挤塑聚苯乙烯泡沫塑料》（XPS）GB/T 10801.2—2002
《辐射供暖供冷技术规程》JGJ 142—2012

2 术语

2.0.1 分、集水器：水系统中，用于连接各路加热管供、回水的配、集水装置。

2.0.2 铝塑复合管：内层和外层为交联聚乙烯或聚乙烯、中间层为增强铝管、层间采用专用热熔胶，通过挤出成型方法复合成一体的加热管。根据铝管焊接方法不同，分为搭接焊加对接焊两种形式，通常以 XPAP 或 PAP 标记。

2.0.3 聚丁烯管：由聚丁烯-1 树脂添加适量助剂，经挤出成型的热塑性加热管，通常以 PB 标记。

2.0.4 交联聚乙烯管：以密度大于等于 0.94g/cm³ 的聚乙烯或乙烯共聚物，添加适量助剂，通过化学的或物理的方法，使其线型的大分子交联成三维网状的大分子结构的加热管，通常以 PE-X 标记。按照交联方式的不同，可分为过氧化物交联聚乙烯（PE-Xa）、硅烷交联聚乙烯（PE-Xb）、电子束交联聚乙烯（PE-Xc）、偶氮交联聚乙烯（PE-Xd。）

2.0.5 无规共聚聚丙烯管：以丙烯和适量乙烯的无规共聚物，添加适量助剂，经挤出成型的热塑性加热管。通常以 PP-R 标记。

2.0.6 嵌段共聚聚丙烯管：以丙烯和乙烯嵌段共聚物，添加适量助剂，经挤出成型的热塑性加热管。通常以 PP-B 标记。

2.0.7 耐热聚乙烯管：以乙烯和辛烯共聚制成的线性中密度乙烯共聚物，添加适量助剂，经挤出成型的一种热塑性加热管。通常以 PE-RT 标记。

3 施工准备

3.1 作业条件

3.1.1 经批准的施工方案或施工组织设计，已进行技术交底。

3.1.2 土建专业：室内抹灰完成，外门窗安装完毕，地面平整，落地灰及杂物清理干净，卫生间第一遍防水及保护层完成（防水层是否先做暂不统一规定）。重点检查、处理楼板标高偏差，以防填充层厚度不足出现管线外露。

3.1.3 水电专业：完成给水、中水等管线安装与打压；电气预埋完毕。

3.1.4 辐射供暖地板铺设在土上时，绝热层以下应做防潮层；辐射供暖地板铺设在潮湿房间（如卫生间、厨房和游泳池等）内的楼板上时，填充层以上应做防水层。

3.1.5 施工环境温度低于5℃时不宜施工。必须冬期施工时应采取相应的措施。

3.2 材料及机具

3.2.1 主材：耐热聚乙烯（PE-RT）管、绝热层材料、焊接钢丝网、分集水器。

3.2.2 辅材：固定卡子、扎带。

3.2.3 机具：试压泵、卵石混凝土运输工具、平板振捣器、抹子、手电钻等。

3.2.4 工具：专用管剪、管钳、手钳、塑料卡钉。

3.2.5 检验设备：水平尺、线坠、钢卷尺、钢板尺、角尺、压力表等。

4 操作工艺

4.1 工艺流程

施工准备 → 基层清理 → 绝热层铺设 → 管道敷设 → 集配装置安装 →

初次试压 → 铺设钢丝网、凝土层（填充层）施工 → 地面层的施工 →

二次试压 → 供暖调试

4.2　施工准备

熟悉图纸、规范、图集，参阅有关施工工艺，检查施工现场供水、供电条件，有储放材料的临时设施；墙面内粉刷已完成（不含面层），外窗外门已安装完毕，厨房、卫生间闭水试验已做完并经过验收。

4.3　基层清理

4.3.1　清理干净楼面砂浆及其他附着物，地面无任何凹凸不平及砂石碎块、钢筋头等现象。

4.3.2　室内卫生间、厨房或其他需要做防水的房间，防水层完成，防水层上面垫层需要完成并达到养护周期，方能进行地板采暖施工。

4.3.3　地热管施工前其他管线（如给水、排水、电线管）已施工完毕，且必须暗敷设在楼板内及楼板下，禁止敷设在基层上，影响绝热层的敷设。

4.3.4　墙面找平放线，用 2m 靠尺检查，高低差不大于 8mm；对平整度不满足要求的地方用 1：2 水泥砂浆找平，并清理墙面的水泥砂浆。

4.3.5　绝热层的铺设：绝热材料可采用厚度为 20mm 的珠粒发泡聚苯乙烯泡沫塑料（EPS）板材，其材质应符合有关规范规定，铺设时将加工好的聚苯乙烯板满铺在平整、干爽的地表面上，聚苯乙烯板要切割整齐，板间缝隙要小于等于 5mm。聚苯乙烯板上平铺采暖反射膜（真空镀铝聚酯薄膜或玻璃布基铝箔），用胶带粘牢形成整体，搭接宽度应大于等于 20mm。

4.4　管道铺设

4.4.1　按照设计图纸，选用符合规格尺寸和长度要求的卷管来进行敷设。

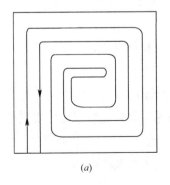 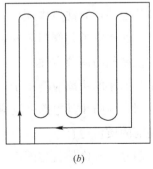 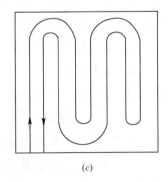

(a)　　　　　　　　　*(b)*　　　　　　　　　*(c)*

图 8-1　辐射供暖地板加热管的布管方式

（a）反转型；（b）直列型；（c）往复型

4.4.2 加热管应严格按照设计图纸标定的管间距和走向铺设，加热管应保持平、直，管间距的安装误差不应大于±10mm。

4.4.3 加热管安装时应禁止管道拧劲；弯曲管道时，圆弧的顶部应加以限制，并用管卡进行固定，防止出现"死折"。

4.4.4 加热管的弯曲半径不宜小于管外直径的 6 倍。防止造成加热管机械损伤。

4.4.5 加热管用塑料卡钉固定在绝热层上；固定点的间距，直管段部分宜为 0.7～1.0m，弯曲管段部分宜为 0.2～0.3m。

4.4.6 采用专用工具切管，切口断面应平整，并应垂直于管轴线。

4.4.7 埋设于填充层内的加热管不允许有接头。在集水器、分水器附近以及其他局部加热管排列比较密集的部位（管间距小于 100mm），加热管外部应采取设置柔性套管等措施。

4.4.8 加热管出地面至集水器、分水器连接处，弯管部分不宜露出地面面层。加热管出地面至集水器、分水器下部球阀接口之间的明装管段外部应进行保温。保温部分管道应高出面层 150～200mm。

4.4.9 加热管的环路布置应尽可能少穿伸缩缝；穿越伸缩缝处，应设长度不小于 200mm 的两端均匀的柔性套管。

4.5 集配装置安装

4.5.1 安装位置的确定

分、集水器的安装应在开始敷设加热管之前进行。安装时应根据分、集水器的结构形式、规格及图纸和技术文件的安装要求，确定安装位置及定位尺寸。

4.5.2 分、集水器安装位置确定时注意事项

1 分、集水器及供暖供、回水管道、阀门等安装及检修方便；

2 运行时分、集水器的控制阀门调节方便；

3 与强电、弱电控制盒及插座的距离应不小于 50mm；

4 对于自控型分、集水器，为防止其电路受潮应尽量布置在较干燥的房间。

4.5.3 分、集水器安装前的质量检查

1 分、集水器的种类、型号、规格是否与图纸、技术规范规定一致；

2 分、集水器上下主管有无砂眼、裂纹及锈蚀；

3 分、集水器上下主管的控制阀门及接头与接口间的连接是否牢固，接口

是否严密，控制阀门是否能灵活开关；

4 分、集水器支架、挡板的防腐涂层是否完好、有无划痕。

4.5.4 分、集水器安装要求

1 集、分水器安装处的壁龛需提前抹灰处理。

2 集、分水器水平安装时，一般宜将分水器安装在上，集水器安装在下，或按设计规定。分、集水器主管垂直间距为 200mm，集水器主管中心距地面距离应不小于 300mm。采用垂直安装时，分水器、集水器下端距地面应不小于 150mm。

4.5.5 分、集水器与供热管道及附件的连接

1 加热管与集、分水器装置及管件连接，应采用卡套式、卡紧式挤压夹紧连接，连接件材料宜为铜质。（分、集水器进出口处用热熔连接，热熔连接参照给水工艺）

卡紧式连接：用专用刮刀将管口处的聚乙烯内层削坡口，角度为 $20°\sim30°$，深度为 $1.0\sim1.5$mm，将锁紧螺帽、C 形紧箍环套在管上，用力将管芯插入管内，至管口达管芯根部。将 C 形紧箍环移至距管口 $0.5\sim1.5$mm 处，再将锁紧螺帽与管件本体拧紧；

2 分、集水器安装就位后再安装立管与分水器、集水器间的连接支管为宜；

3 在分水器之前的供水连接管道上，顺水流方向应安装阀门、过滤器、热计量装置（有热计量要求的系统）。在集水器之后的回水连接管上，应安装可关断调节阀，必要时可用平衡阀代替；

4 在分水器的进水管与集水器的出水管之间，宜设置旁通管。旁通管上应设置阀门，以保证对供暖管路系统冲洗时污水不流进加热管。

4.5.6 分、集水器的固定

1 分、集水器一般均通过支架支撑，安装时按照图纸标定的高度，经号眼打孔后用膨胀螺栓可靠固定在墙壁上，然后再将分、集水器安装在支架上；

2 禁止在有防水层的地面上打孔固定分、集水器装饰板；

3 分、集水器前挡板可在地面辐射供暖工程施工完毕后再安装；

4 当分、集水器安装在起居室内时，在安装高度允许时支脚应高出室内净地坪 $50\sim100$mm；

5 分、集水器水平安装时应能保证与供、回水管连接后能及时排除管道内的积气。

4.6 初次试压

管道安装完毕后采取分层、分段、分路试压的冲洗方法。初次试压首先向管内充水，水满后检查接口无异常情况方可缓慢升压，加热至工作压力的 1.5 倍，但不应小于 0.6MPa，稳压 1h 内压力降不应大于 0.05MPa，且不渗不漏。稳压 10min，压力降不大于 0.03MPa 为合格。

4.6.1 铺设钢丝网、凝土层（填充层）施工。

4.6.2 混凝土浇筑前在加热管上满铺直径 ϕ0.8mm，网眼幅宽为 200mm×200mm 的钢丝网片，搭接宽度宜为 100mm，防止混凝土开裂。

4.6.3 混凝土填充层在与内外墙、柱及过门等交接处、供暖地板面积超过 30m² 或长边超过 6m 时，应设置从绝热层的上边缘到填充层的上边缘整个截面隔开的伸缩缝。伸缩缝宽度不应小于 8mm，填充材料宜采用聚苯乙烯或高发泡聚乙烯泡沫塑料。木地板铺设时，应留≥14mm 伸缩缝。

4.6.4 与墙、柱交接处，应填充厚度大于或等于 10mm 的软质闭孔泡沫塑料。加热管穿越伸缩缝时，应设长度不小于 100mm 的柔性套管。

4.6.5 加热管上表面填充层厚度不宜小于 30mm。现浇过程中加热管及钢丝网不允许有翘起现象，以免影响加热管上保护层的厚度及出现露网现象。

4.6.6 地面混凝土浇筑宜用 C20 细石混凝土（内掺 5％微膨胀剂）。

4.6.7 混凝土采用人工抹压密实。

4.6.8 混凝土垫层施工完成后，将易损配件拆下来保存，并将管子敞口处做临时封堵处理。

4.6.9 混凝土填充层的养护周期应不小于 48h。

4.6.10 混凝土填充层浇捣和养护过程中，管道系统内保持不小于 0.4MPa 的压力，进行观测。

4.7 地面层的施工

4.7.1 地面面层施工时，不得剔凿填充层或向填充层内楔入任何物件。

4.7.2 在铺设地热地板时要使用地热地板专用胶，不能打钉，不应打龙骨。

4.7.3 在铺地板前，必须进行地热加温试验，进水温度最小为 50℃，以保证采暖正常运行，并要保温 24h 以上，使地面干透。如果无法进行加热、加温试验，原则上不能用此法施工。

4.8　二次试压（同初次试压）。

4.9　供暖调试

应在具备正常供暖的条件下，正式采暖运行前完成系统调试与试运行。

5　质量标准

5.1　主控项目

5.1.1　管道和构件无渗漏。

5.1.2　阀门开启灵活，关闭严密。

5.1.3　填充层表面不应有明显裂缝。

5.2　一般项目

5.2.1　楼地面抄平放线、基层处理结构要求平整，不平处用 1∶2 的水泥砂浆找平。绝热层聚苯板满铺，不得架空，铺完后自检查是否平整。

5.2.2　分水器安装处的墙面需提前抹灰处理，分水器固定于墙壁和专用箱内，距地面宜大于 350mm。

5.2.3　按照设计要求铺设加热管，在铺设中用塑料卡钉固定在聚苯板上，塑料卡钉间距不大于 500mm，拐角处不大于 250mm。

5.2.4　管线铺设完，检查确认合格后，与分水器闭合连接。

5.2.5　试验压力 0.6MPa，5min 内压力下降≤0.05MPa 为合格。然后做好边角处的保温处理，做好隐验记录。浇筑地面 C20 细石混凝土填充层（内掺 5％微膨胀剂），人工抹压密实，混凝土强度达 50％以前应封闭现场，以免损坏管材。

5.2.6　地热地板。这种地板在出厂前经过专门处理，可以保证长期在高温下不开裂、不变形，为了保证木地板的尺寸稳定，地热地板的含水率要偏低于平衡值。为了增加导热量，垫层材料和地板厚度不宜过厚，地热地板的标准厚度为 5～8.5mm，强化复合地板应为 6～8mm，三层实木地板 8～9mm，泡沫塑料垫层均应为 2～3mm 厚。见表 8-1。

允许偏差和检验方法　　　　　　　　　　表 8-1

项次	项目	允许偏差（mm）	检验方法
1	表面平整度	2	用 2m 靠尺和楔形塞尺检查
2	标高	±4	用水准仪检查

6 成品保护

6.0.1 施工过程中，加热管严禁踩踏或借作他用。

6.0.2 进入施工现场的人员应着软底鞋，除专用工具外，不得将其他利器带入施工现场。

6.0.3 加热管上不允许出现直接拉车现象，必须加盖模板，防止损坏加热管。

6.0.4 供暖施工不宜与其他工种进行交叉。

6.0.5 施工完成后的供暖地面严禁大力敲打、冲击。不得在地面上运输或堆放超重荷载及高温物体及开孔、剔凿或楔入任何物体。

7 注意事项

7.1 应注意的质量问题

7.1.1 分、集水器安装就位后应及时包裹，避免堵塞，易损、易盗部件可延后安装；

7.1.2 填充层施工时，应铺设竹胶板通道，减少管线、网片踩踏；

7.1.3 未装修完成的地面上应弹出埋地支管标示线，标示管线走向、用途；

7.1.4 环境温度：环境温度过低时，管道的抗弯曲性能变差，填充层的浇捣和养护质量难以确保；

7.1.5 渗漏：填充层内的加热管不应有接头；混凝土填充层浇捣和养护过程中，系统保持适当压力，既可防止管材因挤压而变形，又可随时发现管材在浇捣和养护过程中的损坏。

7.2 应注意的安全问题

7.2.1 做到安全文明施工，在进入现场前作好安全生产教育，进入施工现场的所有人员均佩戴安全帽。禁止在施工现场、仓库附近及宿舍区吸烟或使用明火。

7.3 应注意的绿色施工问题

7.3.1 水压试验、管道冲洗泄水时，应有组织排放，不得漫流，造成污染。

8 质量记录

8.0.1 施工图、竣工图和设计变更文件；

8.0.2 主要材料及配件等的出厂合格证和检验合格证明；

8.0.3 隐蔽工程验收记录和中间验收记录；

8.0.4 试压和冲洗记录；

8.0.5 工程质量验收表；

8.0.6 检验批、分项、子分部、分部工程质量验收记录；

8.0.7 阀门水压试验记录及阀门、附件等的质量保证资料；

8.0.8 调试记录。

第9章 建筑排水金属管道安装

本工艺标准适用于民用建筑室内、室外排水金属管道安装工程施工。

1 引用文件

《建筑排水金属管道工程技术规程》CJJ 127—2009

《建筑给水排水及采暖工程施工质量验收规范》GB 50242—2002

《排水用柔性接口铸铁管、管件及附件》GB/T 12772—2016

《建筑排水用卡箍式铸铁管及管件》CJ/T 177—2002

《建筑排水用柔性接口承插式铸铁管及管件》CJ/T 178—2013

《水及燃气用球墨铸铁管、管件和附件》GB/T 13295—2013

《连续铸铁管》GB/T 3422—2008

2 术语

2.0.1 柔性接口：能适应管道一定轴向伸缩位移和径向挠曲变形而不漏水、不损坏的管道接口。

2.0.2 柔性接口铸铁排水管：以柔性接口相连接的灰口铸铁管及配套管件、附件的统称，按连接方式分为卡箍式和法兰机械式（又称法兰承插式）两种。

2.0.3 卡箍式柔性接口：直管和管件端口均为平口。连接时，将两相邻管端外壁装上内置橡胶密封套的不锈钢卡箍，紧固卡箍上的螺栓箍紧两管端，同时挤压橡胶密封套达到密封的要求。

2.0.4 法兰机械式柔性接口：直管和管件的一端为带法兰盘的承口，另一端为插口，将插口置入与之连接的直管或管件的承口内，用螺栓紧固承口法兰和安装在插口处的法兰压盖，挤压设置在两者中间的密封橡胶圈，达到连接和密封的要求。

2.0.5 鸭脚弯头：立管底部与管托（鸭脚形支撑板）整体浇铸的90°弯头，为柔性接口排水铸铁管专用管件。

3 施工准备

3.1 作业条件

3.1.1 设计图纸及技术文件齐全，并按规定程序通过审批。

3.1.2 具有批准的施工方案或施工组织设计，并已进行技术交底。

3.1.3 对进场的管材、管件和附件及涂料具备有效的质量检测报告、出厂合格证等质量证明文件，已进行严格的现场检验。

3.1.4 材料、人工、机具、水、电已准备就绪，能保证正常施工并符合质量要求。

3.1.5 施工人员已经过培训，掌握金属排水管道施工的基本操作要求。

3.1.6 在土建施工阶段，安装人员应配合土建，按设计要求做好管道穿越墙壁、楼板等结构的预留洞、预埋件和预埋套管。

3.1.7 室外安装管道的管沟地基、管道基础已验收合格。

3.1.8 暗装管道（包括设备层、竖井、吊顶内的管道）根据设计图纸和现场情况核对管径、标高、位置正确。

3.1.9 建筑模板已拆除，操作场地已清理干净。

3.2 材料及机具

3.2.1 柔性接口铸铁排水管，球墨铸铁管，碳素钢管，建筑排水不锈钢管。

3.2.2 与各类管材相适应的管件、卡箍、卡套、法兰压盖螺栓、橡胶密封圈等。

3.2.3 用于管道支吊架的角钢、槽钢、圆钢等钢材；碳钢管、不锈钢管焊接材料；橡胶圈润滑剂等。

3.2.4 机具：管道切割机、无齿锯、滚槽机、电焊机、挖掘机、开槽机、汽车起重机、载重汽车、混凝土搅拌机、夯土机、水泵、试压泵、管道接口卡具；扳手、手锤、钢锉等常用工具；水准仪、经纬仪、压力表、钢卷尺、水平尺、卡尺、角尺、线坠等。

4 操作工艺

4.1 工艺流程

测量放线 → 管道加工 → 支吊架安装 → 管道连接 → 管道安装 → 验收

4.2 测量放线

4.2.1 室外管道敷设，沿管线应设临时水准点，临时水准点和管道轴线控制桩的设置应便于观测且必须牢固，并采取保护措施。临时水准点每200m不少于1个。临时水准点、管道轴线控制桩、高程桩应经过复核方可使用，并应经常复核。固定水准点的精度应符合相关规范的规定。

4.2.2 对由土建专业放好的室内标高线、隔墙中心线进行复核。

4.3 管道加工

4.3.1 铸铁管材采用机械方法切割，不得采用火焰切割；切割时，切口端面与管轴线垂直，切口处打磨光滑。直径不大于300mm的球墨铸铁管使用直径500mm的无齿锯直接转动切割。

4.3.2 碳素钢管宜采用机械方法切割；采用火焰切割时，应清除表面的氧化物；不锈钢管应采用机械或等离子方法切割。管材切割后，切口表面应平整，并应与管中心线垂直。

4.4 支、吊架安装

4.4.1 建筑排水金属管道的支架（管卡）、吊架（托架）应为金属件，其形式、材质、尺寸、质量及防腐要求等应符合设计规定。

4.4.2 支架（管卡）、吊架（托架）应能分别承载所在层内立管或横管产生的荷载，其支承强度应分别大于所在层内立管、横管的自重与管内最大水重之和。

4.4.3 支架（管卡）、吊架（托架）的设置和安装应分别满足立管垂直度、横管弯曲和设计坡度的要求。

4.4.4 支架（管卡）、吊架（托架）应安装牢固、位置正确、与管道紧密接触，并不得损伤管道外表面。

4.4.5 立管的支架（管卡）、横管的托架及预埋件必须固定或预埋在承重构件上；横管的吊架宜固定在楼板、梁和屋架上。

4.4.6 多层和高层建筑的排水立管穿越楼板时，应用管卡固定，当有管井时，宜固定在楼板上；当无管井或有吊顶时，管卡宜固定在楼板下。

4.4.7 重力流排水立管，除设管卡外，应每层设支架固定，支架的间距不得大于3m；当层高小于4m时，可每层设一个支架。立管底部与排出管端部的连接处，应设置支墩等进行固定。柔性接口排水铸铁立管底部转弯处，可采用鸭脚弯头支撑，同时设置支墩等进行固定。

4.4.8 重力流铸铁横管，每根直管必须至少安装一个吊架，两吊架的间距不得大于 2m；横管与每个管件（弯头、三通、四通等）的连接都应安装吊架，吊架与接口断面间的距离不宜大于 300mm；横管长度大于 12m 时，每 12m 必须设置一个防止水平位移的斜撑或用管卡固定的托架。

4.4.9 钢管水平安装的支、吊架间距不应大于表 9-1 的规定，立管应每层设一个。

建筑排水金属管道钢管水平安装的支、吊架最大间距（m）　　表 9-1

公称直径	DN50	DN70	DN80	DN100	DN125	DN150	DN200	DN250	DN300
保温管道	3.0	4.0	4.0	4.5	6.0	7.0	7.0	8.0	8.5
不保温管道	5.0	6.0	6.0	6.5	7.0	8.0	9.5	11.0	12.0

4.4.10 用于虹吸式屋面雨水排水管道系统的支、吊架的设置和安装，可按供货厂家的设计安装手册进行。

4.5 管道连接

4.5.1 对直管、管件、卡箍、卡套、法兰压盖、螺栓、橡胶密封圈（套）等的外观和尺寸进行检查，不得有损伤。

4.5.2 卡箍式柔性接口排水铸铁管连接

1 安装前，先将直管及管件内外表面粘接的污垢、杂物和接口处外壁的泥沙等附着物清理干净；

2 松开卡箍螺栓，取出橡胶密封套；

3 将卡箍套入接口下端的直管或管件上，将橡胶密封套套入下端管口处，使管口顶端与橡胶密封套内的挡圈紧密结合；

4 将橡胶密封套上半部向下翻转；

5 把直管或管件插入已翻转的橡胶密封套，将管口的顶端与套内的另一侧挡圈贴紧。调整位置，使接口处的两端处于同一轴线上，将已翻转的橡胶密封套复位；

6 将橡胶密封套的外表面擦拭干净，用支吊架初步固定管道；

7 将卡箍套在橡胶密封套外，使卡箍紧固螺栓的一侧朝向墙或墙角的外侧，交替锁紧卡箍螺栓，是卡箍缝隙间隙一致；

8 调整并紧固支吊架螺栓，将管道固定。

4.5.3 法兰机械式柔性接口排水铸铁管和 K 形接口排水球墨铸铁管的连接：

1 安装前先将直管及管件内外表面粘接的污垢、杂物和承口、插口、法兰压盖结合面上的泥沙等附着物清除干净；

2 按承口的深度，在插口上画出安全线，使插入的深度与承口的实际深度间留有 5mm 安装空隙，以保证管道的柔性抗震性能；

3 在插口端先套入法兰压盖，相继再套入橡胶密封圈，使胶圈小头朝承口方向，大头与安装线对齐；

4 将直管或管件的插口端插入承口，插入管与承口管的轴线应在同一直线上，橡胶密封圈应均匀紧贴在承口的倒角上；

5 将法兰压盖与承口处法兰盘上的螺孔对正，紧固连接螺栓，使橡胶密封圈均匀受力，三孔压盖应交替拧紧，四孔及以上压盖应按对角线方向依次逐步拧紧；

6 调整并紧固支吊架螺栓，将管道固定。

4.5.4 钢管沟槽式连接

1 使用滚槽机加工沟槽，加工深度和宽度应符合所采用管件的技术要求；

2 组装卡套，将橡胶密封套涂抹润滑油后，置入卡套内；

3 适量松开卡套螺栓，将管端插入卡套内，保持插入管两端的轴线在同一直线上；

4 拧紧卡套上的螺栓，卡套内缘应卡进沟槽内。

4.5.5 钢管采用法兰连接时，法兰平面应垂直于管道中心线，两个法兰的表面应相互平行，紧固螺栓的方向应一致。

4.5.6 铸铁排水管承插连接

1 安装前，应清除承口内部的油污、飞刺、铸砂及凹凸不平的铸瘤，有裂纹的管及管件不得使用。

2 沿直线安装管道时，宜选用管径公差最小的管节组对连接，接口的环向间隙应均匀，承插口间的纵向间隙不应小于 3mm。

3 承插接口的管道和管件的承口应与水流方向相反。

4 刚性接口材料、填料、接口的养护、施工其间的保护和接口表面防腐应符合设计规定或规范规定。

5 采用水泥捻口时，油麻填塞应密实，接口水泥应密实饱满，其接口面凹入承口边缘且深度不得大于 2mm。

   6　安装时，应将管节的中心及高程逐节调整正确，安装后进行复测。

   7　外壁在安装前应除锈，涂两遍石油沥青漆。

4.5.7　建筑排水柔性接口铸铁管与塑料管或钢管连接时，两者外径相同时，可按本标准 4.5.3 条的方法连接；外径不同时，可按相应管径采用插入式或套筒式连接，或采用生产厂的配套产品。连接处的密封材料，应满足密封要求。

4.5.8　钢管采用焊接连接时，焊接要求可执行《工业金属管道工程施工规范》GB 50235—2010 和《现场设备、工业管道焊接工程施工规范》GB 50236—2011 的有关规定。

4.6　管道安装

4.6.1　管道安装前，检查和核对预留洞、预埋件和穿墙套管的位置和标高、规格、型号、尺寸，做好记录。

4.6.2　污水提升泵的出水管道穿越污水池混凝土顶板时，应设置钢套管。不锈钢管道穿越承重墙或楼板时，应设置套管。

4.6.3　建筑排水金属管道接口不得设置在楼板、屋面板或池壁、墙体等结构内。管道与土建结构的最小净距为：

   1　沟槽式、法兰机械式及 K 形接口，宜为 150mm；

   2　卡箍式接口柔性排水铸铁管，宜为 100mm。

4.6.4　管道沿墙或墙角敷设时，管道外壁面与墙体面层的最小净距离不得小于 40mm，卡箍、沟槽式卡套和法兰压盖的螺栓位置应调整至墙（角）的外侧。

4.6.5　立管设置在管道井或管窿，横管设置在吊顶内时，在检查口或清扫口位置处应设检修门或检修口，检查口位置和朝向应便于检修。

4.6.6　不锈钢管不得浇筑在混凝土内；当必须暗埋敷设时，应采取防腐措施。不锈钢管与其他金属管道连接时，应采取防止电化学腐蚀的措施。

4.6.7　检查口和清扫口的设置应符合设计要求，设计无要求时，应符合以下规定：

   1　在立管上隔一层设置一个检查口，在最底层和有卫生器具的最高层必须设置。两层建筑可仅在底层设置立管检查口，有乙字弯时在该层乙字弯管的上部设置检查口。检查口中心高度距操作地面一般为 1m，允许偏差 ±20mm；检查口的朝向应便于检修。暗装立管应在检查口处安装检修门。

2 在连接 2 个及 2 个以上大便器或 3 个及 3 个以上卫生器具的污水横管上，应设置清扫口。污水管在楼板下悬吊敷设时，可将清扫口设在上一层楼地面上，污水管起点的清扫口与管道相垂直的墙面距离不得小于 200mm；若污水管起点设置堵头代替清扫口时，与墙面距离不得小于 400mm。

3 在转角小于 135°的污水横管上，应设置检查口或清扫口。

4 污水横管的直线管段，按设计要求的距离设置检查口或清扫口。

4.6.8 埋在地下或地板下的排水管道的检查口，应设在检查井内。井底表面标高与检查口的法兰相平，井底表面以 5‰的坡度坡向检查口。

4.6.9 排水通气管不得与风道或烟道连接，安装应符合设计要求，设计无要求时应符合以下规定：

1 通气管应高出屋面不小于 300mm，且必须大于最大积雪厚度。

2 在通气管出口 4m 以内有门、窗时，通气管应高出门、窗顶 600mm 或引向无门、窗的一侧。

3 在经常有人停留的平屋顶上，通气管应高出屋面 2m，并根据防雷要求设置防雷装置。

4 屋顶有隔热层时，应从隔热层板面算起。

4.6.10 通向室外的排水管，穿过墙壁或基础必须下返时，应采用 45°三通和 45°弯头连接，并在垂直管段顶部设清扫口。

4.6.11 由室内通向室外排水检查井的排水管，井内引入管应高于排出管或两管顶相平，并有不小于 90°的水流转角，如跌落差大于 300mm，可不受角度限制。

4.6.12 用于室内排水的水平管道与水平管道、水平管道与立管的连接，采用 45°三通或 45°四通和 90°斜三通或 90°斜四通。立管与排出管端部的连接，采用两个 45°弯头或曲率半径不小于 4 倍管径的 90°弯头。

4.6.13 管道防腐

1 柔性接口排水铸铁管及管件内外喷（刷）沥青漆或防腐漆，并符合材料标准的有关规定。

2 K 形接口球墨铸铁管应内衬水泥砂浆，外喷（刷）沥青漆或防腐漆，并符合材料标准的有关规定。

3 焊接钢管和无缝钢管内外均应做热浸镀锌防腐，或根据需要做涂塑防腐处理。热镀锌时，管壁内外镀锌层应均匀、无漏镀、无飞刺。采用焊接或法兰连接时，防腐层被破坏部分应二次热镀锌或用其他能确保防腐性能的方法做好防腐处理；采用螺纹连接时，安装后应及时对外露丝扣、切口断面和被破坏部位进行防腐。埋地钢管的防腐按设计要求进行。

4　管件、附件（如法兰压盖等）等应与直管做同样的防腐处理。螺栓应采用热镀锌防腐，并应在安装完毕、拧紧螺栓后，对外露螺栓部分及时涂刷防腐漆。有条件时，可采用耐腐蚀性强的球墨铸铁螺栓。

4.7　验收

4.7.1　工程验收由建设单位、工程监理单位、设计单位、施工单位共同进行。

4.7.2　工程验收应具备的条件：

1　排水管道已全部安装、敷设完毕；

2　隐蔽工程验收、灌水试验、通水试验、通球试验、水压试验等现场试验合格，记录齐全；

3　下列技术资料应齐备：

1）施工图、设计变更文件和竣工图；

2）管道及附件的产品质量检测报告及出厂合格证；

3）工程质量检验记录；

4）工程质量事故处理记录。

4.7.3　主控项目和验收要求应符合下列规定：

1　隐蔽工程验收：根据隐蔽工程现场试验记录判定，应全部合格。

2　室内雨水管灌水试验：雨水管道现场灌水试验记录，应全部合格。

3　调试试验：现场通水试验记录，应全部合格。

4　通球试验：现场通球试验记录，应全部合格。

5　水压试验：现场试验记录，应全部合格。

6　管道安装允许偏差应符合质量标准的规定。生活排水横管及雨水管、空调冷凝水管的横管的坡度应符合设计要求，并不得小于本标准表 9-2 规定的最小坡度。

7　支架（管卡）、吊架（托架）、支墩等应符合本标准的安装要求，应位置正确、安装牢固。

8　柔性接口卡箍、法兰压盖、沟槽式卡套、橡胶密封套（圈）应齐全，安装正确，螺栓拧紧。

4.7.4 一般项目检查应符合设计要求的规定。排水管道除锈、防腐、保温以及管道上的检查口、清扫口、通气管、室内外排水检查井的设置，穿越结构物套管的设置等，应符合设计要求及有关规定。设计无规定时，应执行《建筑给水排水及采暖工程施工质量验收规范》GB 50242 的规定。

5 质量标准

5.1 主控项目

5.1.1 排水横管的坡度应符合设计要求，建筑物内重力流生活排水铸铁管道的最小坡度不得小于表 9-2 的规定；室内重力流雨水排水悬吊管和排出管（埋地管）的最小坡度不得小于 0.01。

建筑物内重力流生活排水铸铁管道的最小敷设坡度　表 9-2

管径	DN50	DN75	DN100	DN125	DN150	DN200
坡度	0.025	0.015	0.012	0.010	0.007	0.005

5.1.2 地下埋设雨水排水管道的最小坡度应符合表 9-3 的规定。

地下埋设雨水排水管道的最小坡度　表 9-3

管径	DN50	DN75	DN100	DN125	DN150	DN200~400
坡度	0.020	0.015	0.008	0.006	0.005	0.004

5.1.3 埋地及所有隐蔽的生活排水金属管道，在隐蔽前，根据工程进度必须做灌水试验或分层灌水试验，并应符合下列规定：

1 灌水高度不应低于该层卫生器具的上边缘或底层地面高度；

2 试验时应连续向试验管道灌水，直至达到稳定水面（即水面不再下降）；

3 达到稳定水面后，继续观察 15min，水面应不再下降，同时管道及接口无渗漏为合格。

5.1.4 室内雨水管根据管材和建筑高度选择整段或分段方式进行灌水试验。整段试验时，灌水管道应达到立管上部的雨水斗。灌水达到稳定水面后，观察1h，管道无渗漏为合格。

5.1.5 生活排水管、雨水管分系统（区、段）进行通水试验。管道流水畅通、不渗不漏为合格。

5.1.6 生活排水主立管和横干管应做通球试验。通球的球径不小于管径的 2/3，通球率为 100%。

5.1.7 污水提升管按给水压力管的试验要求进行水压试验。

5.2　一般项目

5.2.1 建筑排水金属管道安装允许偏差应符合表 9-4 的规定。

建筑排水金属管道安装允许偏差 　　　　表 9-4

项目				允许偏差（mm）	备注
坐标				15	
标高				±15	
横管纵横方向弯曲	铸铁管	每 1m		≤1	
		全长（≥25m）		≤25	
	钢管	每 1m	DN≤100mm	1	
			DN>100mm	1.5	
		全长（≥25m）	DN≤100mm	≤25	
			DN>100mm	≤38	
立管垂直度	铸铁管	每 1m		3	
		全长≥5m		≤15	
	钢管	每 1m		3	
		全长≥5m		≤10	

5.2.2 室外排水管道安装的允许偏差应符合表 9-5 的规定。

室外排水管道安装的允许偏差 　　　　表 9-5

项目		允许偏差（mm）	备注
坐标	埋地	100	
	敷设在沟槽内	50	
标高	埋地	±20	
	敷设在沟槽内	±20	
水平管道纵横向弯曲	每 5m 长	10	
	全长（两井间）	30	

6　成品保护

6.0.1 管道不得作为拉攀、吊架、支架等使用。

6.0.2 施工过程中，管道的敞口部位应及时封堵。

7 注意事项

7.1 应注意的质量问题

7.1.1 排水横管严禁出现无坡、倒坡现象。

7.1.2 铸铁管道严禁使用电焊烧割。

7.1.3 雨水管道不得与生活污水管道相连接。

7.1.4 排水管道不得使用冷镀锌钢管。

7.1.5 管道的防腐层应附着良好，应无脱皮、起泡和漏涂，黏膜应厚度均匀、色泽一致、无流坠及污染现象。

7.2 应注意的安全问题

7.2.1 安装高度超过 3.5m 时应搭设脚手架；操作人员应穿工作服、在离地 2m 以上高度操作时，应正确使用安全带等安全保护用具。

7.2.2 管沟开挖时，堆土离沟边的距离、管沟边坡、支护和支撑应严格执行设计要求。

7.2.3 使用电动工具时，用电线路、安全保护措施必须由专业人员安装并验收合格后方可使用，严禁乱拉、乱接电线。

7.2.4 电动工具的保护罩等安全装置必须完好、有效。

7.2.5 管道连接、对口操作时，严禁将手放在管口或法兰连接内侧，搬移、串动管子时人员的动作要一致。

7.2.6 在竖井内安装管道时，必须设安全网等防护设施并设专人监护。

7.2.7 在管井内焊接管道时，必须采取防火措施。

7.3 应注意的绿色施工问题

7.3.1 在有噪声限制要求的场合施工，应对噪声采取有效的控制措施。

7.3.2 管道水压试验、灌水试验、通水试验废水应有组织排放，不得随意排放。

7.3.3 施工废料应分类回收处理。

7.3.4 作业现场要工完场清，杂物垃圾要及时清运。

8 质量记录

8.0.1 管材、管件及附件等材料质量证明文件。

8.0.2 灌水试验记录。

8.0.3 通水试验记录。

8.0.4 通球试验记录。

8.0.5 水压试验记录。

8.0.6 隐蔽工程检查验收记录。

8.0.7 建筑排水工程检验批、分项工程、子分部、分部工程质量验收记录。

第10章 建筑排水塑料管道安装

本工艺标准适用于建筑工程（温度小于 40℃）室内排水塑料管道安装工程。

1 引用标准

《建筑排水塑料管道工程技术规程》CJJ/T 29—2010
《建筑给水排水及采暖工程施工质量验收规范》GB 50242—2002

2 术语（略）

3 施工准备

3.1 作业条件

3.1.1 施工方案已编制完成并履行审批手续，施工技术交底已完成。

3.1.2 埋设管道的管沟应底面平整，无突出的坚硬物，一般可做 50～100mm 的砂垫层，垫层宽度不小于管径的 2.5 倍，坡度与管道的坡度相同，沟底夯实。

3.1.3 暗装管道（包括设备层，竖井，吊顶内的管道）首先应根据设计图纸核对各种管道的管径、标高、位置是否准确。预埋件已配合完成。土建模板已经拆除，操作场地清理干净，安装高度超过 3.5m 应搭好脚手架。

3.1.4 室内地坪标高线（＋500 线）、隔墙中心线（边线）均已由土建放线，墙面装饰已完成，能连续施工。安装场地无障碍物。

3.1.5 各种卫生器具的样品已进场检验，进场施工材料的品种和数量能保证施工。

3.1.6 施工图纸应经设计、建设、施工单位会审，并办理会审纪录。

3.1.7 对施工人员的施工工艺现场交底，应在施工前进行。

3.1.8 冬期施工，环境温度一般不低于 5℃；当环境温度低于 5℃时，应采取防冻措施。

3.2　材料及机具

3.2.1　管材种类：UPVC 芯层发泡和实壁管，UPVC 空壁螺旋和实壁螺旋管。

3.2.2　辅助材料：管件、UPVC 胶粘剂、管卡、阻火圈。

3.2.3　机具：激光定位仪、手电钻、冲击钻、砂轮切割机、台钻、电锤等。

3.2.4　工具：细齿锯、割管器、板锉、扳手、毛刷、干布、刮刀、水平尺、小线、线坠等。

3.2.5　检验设备：游标卡尺、水准仪、管道泵等。

4　操作工艺

4.1　工艺流程

安装准备 → 预制加工 → 支架安装 → 干管安装 → 隐蔽验收 → 立管安装 →

支管安装 → 配件安装 → 通球试验 → 灌水试验 → 管道保温 → 通水试验 →

交工验收

4.2　安装准备

4.2.1　认真熟悉图纸，配合土建施工进度，做好预留预埋工作。

4.2.2　按设计图纸画出管路及管件的位置、管径、变径、预留洞、坡度、卡架位置等施工草图。

4.2.3　管材（件）进场后，及时请监理工程师验收，并及时办理签认手续。合格品入库，存放 UPVC 管材的库房应避光、干燥、通风、码放管材时应按规格码放。管材应在地面平整的库内水平码放，距热源应大于 1m。

4.3　预制加工

4.3.1　根据设计要求并结合现场情况，测量尺寸，绘制草图。

4.3.2　根据实测小样图，结合各连接管件的尺寸量好管道长度，采用细齿锯进行断管。将承插管件两管管端先用锉刀或尖毛小刀俯 30°角方向削角（插入消外角，承插管件俏内角）。

4.3.3　管道下料后，管材与管件进行预组装，尺寸、方向无误后进行粘结。

4.3.4　管材管件的粘结：首先清洗插入管的管端外表约 50mm 长度和管件承插口的内壁，再用蘸有丙酮的棉纱擦洗一次，然后在两者粘合面上用毛刷均匀地涂上一层胶粘剂，不得漏涂。涂毕即旋转到理想的组合角度，把管材插入管件的承插口，再用木槌敲击，使管材全部插入管件的承插口，约 2min 后（不能再拆开或转换方向），及时擦去结合部挤出的黏胶，以保持管道清洁。

4.3.5 支管及管件较多的部位应先预制加工，码放整齐，注意成品保护。

4.4 干管安装

4.4.1 UPVC 排水管一般采用承插粘结连接方式。

4.4.2 承插粘结方法：将配好的管材按规定试插，使承口插入深度符合要求，不得过紧或过松，同时还要测定管端插入承口的深度，并在其表面画出标记，是管端插入承口的深度符合表 10-1 的规定。

试插合格后，用干布将承插口粘结部分的水、灰尘擦干净，然后实施粘结，多口粘结时应注意预留口方向。

生活污水管承口深度 表 10-1

公称外径（mm）	承口深度（mm）	插入深度（mm）
50	25	19
75	40	30
110	50	38
160	60	45

4.4.3 埋入地下时，按设计坐标、标高、坡向、破度开挖沟槽并夯实。

4.4.4 采用托吊管安装时应按设计坐标、标高、坡向做好托吊架。托吊架如采用金属件时，管材与托吊架接触面应用胶皮衬垫。

4.4.5 施工条件具体时，应将预制好的管路按编号运至安装部位进行安装。

4.4.6 管道坡度应符合设计要求，当设计无要求时可参照表 10-2。

生活污水塑料管道的坡度 表 10-2

管径（mm）	标准坡度（‰）	最小坡度（‰）
50	25	12
75	15	8
110	12	6
125	10	5
160	7	4

4.4.7 用于室内排水的水平管道与水平管道，水平管道与立管的连接，应

采用 45°三通或 45°四通和 90°斜三通或 90°斜四通。立管与排出管段部的连接，应采用两上 45°弯头或曲率半径不小于 4 倍管径的 90°弯头。

4.4.8　通向室外的排水管，穿过墙壁或基础应采用 45°三通或 45°弯头连接，并应在垂直管段。

4.4.9　埋地管穿越外墙时，应采用刚性防水套管（Ⅰ型）可参照 05 系列建筑标准设计图集 05S2/194。

4.5　隐蔽验收

4.5.1　隐蔽或埋地的排水管和雨水管道在隐蔽前必须做灌水试验，其灌水高度应不低于底层卫生器具的上边缘或底层地面高度，结果必须符合设计要求和施工规范规定。

检验方法：满水 15min 水面下降后，再灌满观察 5min，液面不降，管道接口无渗漏为合格。

4.5.2　管道的坡度必须符合设计要求或施工规范规定。

4.5.3　排水塑料管必须按设计要求及位置装伸缩节。如设计无要求，伸缩节间距不大于 4m。

4.5.4　自检合格后，进行隐蔽工程验收，验收小组由业主、监理工程师、施工员和施工小组负责人组成。

4.5.5　隐蔽工程验收合格后，及时办理隐蔽工程资料的签认。

4.6　立管安装

4.6.1　首先按设计坐标标高要求核对预留孔洞，洞口尺寸可比管材外径大50～100mm，不可损伤受力钢筋。安装前清理场地，根据需要搭设操作平台。

4.6.2　首先清理已预留的伸缩节，将锁母拧下，取出橡胶圈，清理杂物，立管插入先计算插入长度做好标记，然后涂上肥皂液（或中性洗洁净），套上锁母橡胶圈，将管端插入标记处锁紧锁母。

4.6.3　安装时先将立管上端伸入一层洞口内，垂直用力插到标记处。合格后用 U 形抱卡紧固，找正找直，三通中心符合要求。有防火要求的必须安装阻火圈，保证止水翼环在洞口位置，止水环可用成品或自制。并在楼板处加设阻火圈，然后可堵洞，临时封堵各个管口。

4.6.4　排水管道中心距墙面距离为 100～120mm。立管距灶边净距不得小于 400mm，与供暖管道的净距不得小于 200mm，且不得因热辐射使管外壁温度高于40℃。

4.6.5 排水立管应避免布置在易受机械撞击处；当不能避免时，应采取保护措施。

4.6.6 排水管道不得穿越住宅客厅、餐厅，并不宜靠近与卧室相邻的内墙。

4.6.7 管道穿越楼板处为非固定支撑点时，应加装金属或塑料套管，套管内径可比穿越管外径大两号，套管高出地面卫生间，厨房不得小于50mm，居室20mm。

4.6.8 塑料排水管与铸铁管连接时，宜采用专用配件。当采用水泥捻口时，应先将塑料管插入承口部分的外侧，用砂纸打毛或涂刷粘接剂粘干燥的粗黄砂；插入后应用油麻丝填嵌均匀，用水泥捻口。

4.6.9 地下埋设管道及出屋顶透气立管如不采用UPVC排水管件而采用下水铸铁管时，可采用水泥捻口。为防止渗漏，塑料管插接处用粗砂纸将塑料管横向打磨粗糙。

4.7 支管安装

4.7.1 按设计坐标、标高要求，校核预留孔洞，孔洞的修理尺寸应大于管径的40～50mm。

4.7.2 清理场地，按需要搭设临时平台。将预制好的支管按编号运至现场，清除各粘结部位及管道内的污物和水分。

4.7.3 将支管水平初步吊起，涂抹胶粘剂，用力推入立管管口。

4.7.4 连接卫生器具的短管一般伸出净地面10mm，地漏甩口低于净地面5mm。安装前，应测量核实建筑500线。

4.7.5 根据管路长度调整好坡度，合适后固定卡架，封闭各预留管口并堵洞。

4.8 配件安装

4.8.1 干管清扫口和检查口设置：

1 在连接2个及2个以上大便器或3个或3个及3个以上卫生器具时，污水横管上应设置清扫装置。当污水管在楼板下悬吊敷设时，如清扫口设在上一层地面上经常有人活动的场所，应使用铜制清扫口，污水管起点的清扫口与管道垂直的墙面距离不得小于200mm；当污水管起点设置堵头代替清扫口时，与墙面不得小于400mm。

2 在转角小于135°的污水横管上，应设置地漏或清扫口。

3　污水管横管的直线管段，应按设计要求的距离设置检查口或清扫口。

4　横管的直线管路上设置检查口（清扫口）之间的最大距离不宜大于表 10-3 的规定。

横管的直线管段上设置检查口（清扫口）之间最大距离（m）　　表 10-3

管径 DN（mm）	污水性质		清除装置
	废水	生活污水	
50～75	15	12	检查口
50～75	10	8	清扫口
100～150	15	10	清扫口
100～150	20	15	检查口
200	25	20	检查口

5　设置在吊顶内的横管，在其检查口与清扫口位置应设检修门。

6　安装在地面上的清扫口顶面必须与净地面相平。

4.8.2　立管检查口在一层和顶层必须设置，其他层面隔层设计，安装高度距地 1.0m，允许偏差±20mm，检查孔应朝外 45°。有装饰时应在装饰面留有检查门。

4.8.3　地漏安装

1　带水封的地漏水木墩深度不得小于 50mm。

2　住宅楼内应按洗衣机位置设置洗衣机排水专用地漏或洗衣机排水存水弯，排水管道不得接入室内雨水管道。

3　应优先采用具有防涸功能的地漏。

4　食堂、厨房和公共浴室等排水宜设置网框式地漏。

4.8.4　伸缩器安装

1　管端插入伸缩节处预留的间隙应为：夏季 5～10mm，冬季 15～20mm。

2　如立管连接件本身具有伸缩功能的，可不再设置伸缩节。

3　排水支管在楼板下方接入时，伸缩节应设置于水流汇合管件之下，排水支管在楼板上方接入时，伸缩节应设置于水流汇合管件之上，立管上无排水支管时，伸缩节可设置于任何部位。污水横支管超过 2m 时，应设置伸缩节，但伸缩节最大间距不得超过 4m，横管上的伸缩节应设于水流汇合管的上游端。

4 当层高小于或等于 4m 时，污水管和通气立管应每层设一伸缩节；当层高大于 4m 时，应根据管道设计伸缩量和伸缩节最大允许伸缩量确定。伸缩节设置应靠近水流汇合管件（如三通、四通）附近。同时，伸缩节承口端（有橡胶圈的一端）应逆水流方向，轴向管路的上流侧（伸缩节承口端内压橡胶圈的压圈外侧应涂胶粘剂与伸缩节粘结）。

5 立管在穿越楼层处固定时，在伸缩节处不得固定，在伸缩节处固定时，立管穿越楼层处不得固定。

4.8.5 高层建筑明敷管道阻火圈或防火套管的安装。

1 立管管径大于或等于 110mm 时，在楼板贯穿部位应设置阻火圈或长度不小于 500mm 的防火套管。

2 管径大于或等于 110mm 的横支管与暗设立管相连时，墙体贯穿部位应设置阻火圈或长度不小于 300mm 防火套管，防火套管的明露部分不宜小于 200mm。

3 横干管穿越防火分区隔墙时，管道穿越墙体的两侧应设置防火圈或长度不小于 500mm 的防火套管。

4.9 支架安装

4.9.1 立管穿越楼板处可按固定支座设计；管道井内的立管固定支座，应支撑在每层楼板处或井内设置的刚性平台和综合支架上。

4.9.2 层高小于或等于 4m 时立管每层可设一个滑动支座；层高大于 4m 时，滑动支座间距不大于 2m。

4.9.3 横管上设置伸缩节时，每个伸缩节应按要求设置固定支座。

4.9.4 横贯穿越承重墙处可按固定支架设计。

4.9.5 固定支座的支架应用型钢制作并锚固在墙或柱上；悬吊在楼板、梁或屋架下的横管固定支座的吊架，应用型钢制作并锚固在承重结构上。

4.9.6 悬吊在地下室的架空排水管，在立管底部时管处应设置托吊架或支墩，防止管内落水时受到冲击影响。

4.9.7 明敷排水管，宜采用与管材配套的支吊架。见表 10-4。

排水塑料管道支、吊架最大间距（m）　　　　　　　　　　表 10-4

管径（mm）	20	75	110	125	160
立管	1.2	1.5	2.0	2.0	2.0
横管	0.5	0.75	1.10	1.30	1.6

4.10 通球试验

4.10.1 卫生洁具安装完成后，排水系统管道的立管，主干管应进行通球试验。

4.10.2 立管通球试验，应由屋顶透气口处投入不小于管径 2/3 的试验球，在室外第一个排水井内临时设网截取试验球，用水冲试验球至室外第一个检查井，取出试验球为合格。

4.10.3 干管通球试验要求：从干管起始端投入塑料小球，并向干管内通水，在户外第一个检查井处观察，发现小球流出为合格。

4.11 灌水试验

4.11.1 排水管道安装完成后，应按施工规范要求进行闭水试验，暗装的干管、立管、支管必须进行闭水试验。

4.11.2 闭水试验应分层、分段进行。试验标准是，以一层结构高度采用封闭管口，满水至地平高度，满水 15min，再延续 5min，液面不下降，检查全部满水，管段管件接口无渗漏为合格。

4.12 管道保温

根据设计或规范要求做好排水管道吊顶内的横支管防结露保温，保温材料的材质符合国家标准，需采用不燃保温材料，不得低于 B_1 级。

4.13 通水试验

通水试验时应通知监理、装修、建设单位相关人员到场，逐系统、逐层次进行支管通水，做好通水记录，请以上单位签认后，向装修单位移交。

4.14 交工验收

交工验收前要整理好资料，拆除临时支撑、封堵、刷油、保温完善，施工质量符合规范要求，合格率达 100％。

5 质量标准

5.1 主控项目

5.1.1 隐蔽或埋地的排水管道在隐蔽前必须做灌水试验，其灌水高度应不低于底层卫生器具的上边缘或底层地面高度。

5.1.2 生活污水塑料管道的坡度必须符合设计或本规范表 10-5 的规定。

生活污水塑料管道的坡度 表 10-5

项次	管径（mm）	标准坡度（‰）	最小坡度（‰）
1	50	25	12
2	75	15	8
3	110	12	6
4	125	10	5
5	160	7	4

5.1.3 排水塑料管必须按设计要求及位置装设伸缩节。如设计无要求时，伸缩节间距不得大于 4m。

5.1.4 排水主立管及水平干管管道均应做通球试验，通球球径不小于排水管道管径的 2/3，通球率必须达到 100%。

5.2 一般项目

5.2.1 在生活污水管道上设置的检查口或清扫口，当设计无要求时应符合下列规定：

1 在立管上应每隔一层设置一个检查口，但在最底层和有卫生器具的最高层必须设置。如为两层建筑时，可仅在底层设置立管检查口；如有乙字弯管时，则在该层乙字弯管的上部设置检查口。检查口中心高度距操作地面一般为 1m，允许偏差±20mm；检查口的朝向应便于检修。暗装立管，在检查口处应安装检修门。

2 在连接 2 个及 2 个以上大便器或 3 个及 3 个以上卫生器具的污水横管上，应设置清扫口。当污水管在楼板下悬吊敷设时，可将清扫口设在上一层楼地面上，污水管起点的清扫口与管道相垂直的墙面距离不得小于 200mm；若污水管起点设置堵头代替清扫口时，与墙面距离不得小于 400mm。

3 在转角小于 135°的污水横管上，应设置检查口或清扫口。

4 污水横管的直线管段，应按设计要求的距离设置检查口或清扫口。

5 埋在地下或地板下的排水管道的检查口，应设在检查井内。井底表面标高与检查口的法兰相平，井底表面应有 5%坡度，坡向检查口。

5.2.2 排水塑料管道支、吊架间距应符合表 10-6 的规定。

排水塑料管道支吊架最大间距（单位：m） 表 10-6

管径（mm）	50	75	110	125	160
立管	1.2	1.5	2.0	2.0	2.0
横管	0.5	0.75	1.10	1.30	1.6

5.2.3　通向室外的排水管，穿过墙壁或基础必须下返时，应采用 45°三通和 45°弯头连接，并应在垂直管段顶部设置清扫口。

5.2.4　由室内通向室外排水检查井的排水管，井内引入管应高于排出管或两管顶相平，并有不小于 90°的水流转角，如跌落差大于 300mm，可不受角度限制。

5.2.5　用于室内排水的水平管道与水平管道、水平管道与立管的连接，应采用 45°三通或 45°四通和 90°斜三通或 90°斜四通。立管与排出管端部的连接，应采用两个 45°弯头或曲率半径不小于 4 倍管径的 90°弯头。

5.2.6　室内排水管道安装的允许偏差应符合表 10-7 的相关规定。

室内排水和雨水管道安装的允许偏差和检验方法　　　　　表 10-7

项次	项目		允许偏差（mm）	检验方法
1	坐标		15	用水准仪（水平尺）、直尺、拉线和尺
2	标高		±15	
3	横管纵横向弯曲	塑料管 每 1m	1.5	
		全长 25m 以上	≤38	
4	立管垂直度	塑料管 每 1m	3	吊线和尺量检查
		全长（5m 以上）	≤15	

6　成品保护

6.0.1　管材和管件在运输、装卸、储存和搬运过程中，应排列整齐，要轻拿轻放，不得乱堆放，不得暴晒，库房内不得有热源。

6.0.2　在塑料管承插口的粘结过程中，不得用手锤敲打。

6.0.3　管道安装完成后，应加强保护，防止管道污染损坏，在验收前不得将排水管的塑料包装拆除，裸露的管材、管件要用干净的塑料布和报纸等包装。

6.0.4　严禁利用塑料管道作为脚手架的支点或安全带的拉点、吊顶的吊点。不允许明火烘烤塑料管，以防管道变形。

6.0.5　不得在塑料管上挂临时照明，或在管道边架设碘钨灯，以防烤坏管道。

7　注意事项

7.1　应注意的质量问题

7.1.1　管道安装时应掌握好管子插入承口的深度，下料尺寸合适，以防接口破裂，导致漏水。

7.1.2 地漏安装时应按施工线找正地面标高，确定地面坡度，以防地漏出地面过高或过低。空调机房安装地漏要注意明沟位置和空调基础位置。

7.1.3 管道安装前应根据地面做法找准标高，以防卫生洁具的排水管预留口距地偏高或偏低。

7.1.4 横管变径宜采用偏心异径且偏口朝上。

7.1.5 排放高于40℃热水的管材（管件）应选用耐热管材。

7.1.6 用金属支架做支撑的管道应缠绕，不得将塑料排水管道直接与金属支架接触。

7.2 应注意的安全问题

7.2.1 胶粘剂及清洁剂等易燃物品的存放处必须远离火源、热源和电源，严禁明火，存放处应安全可靠、阴凉干燥、通风良好。

7.2.2 粘结管道时，保证操作场地通风良好，操作人员应站在上风向，并佩戴防护用具。

7.2.3 每日下班前应将未做完的管口临时封堵，以防杂物掉进管道。

7.3 应注意的绿色施工问题

7.3.1 灌水、试水时要有组织排放，不得任意排放，造成废水污染。

7.3.2 作业现场要工完场清，杂物垃圾要及时清运。

7.3.3 胶粘剂、管材废料等下脚料应及时回收，不得按一般垃圾处理。

7.3.4 施工现场不得吸烟。

8 质量记录

8.0.1 管材、管件出厂合格证，检验报告和进场检验记录。

8.0.2 管道安装预检记录。

8.0.3 隐蔽管道的隐检记录。

8.0.4 施工检查记录。

8.0.5 施工试验记录，灌（满）水试验记录，通球试验记录。

8.0.6 检验批工程质量验收记录。

8.0.7 分项（子分项）工程质量验收记录。

8.0.8 分部（子分部）工程质量验收记录。

第11章 离心水泵安装

适用于各类民用建筑中离心水泵的安装。

1 引用文件

《风机、压缩机、泵安装工程施工及验收规范》GB 50275—2010

《机械设备安装工程施工及验收通用规范》GB 50231—2009

2 术语

2.0.1 标高偏差：表示设备部件安装高度与设计标高之差值。

2.0.2 平行度：表示两个相互平行的线或面间的平行程度。其偏差应为该两平行线或面之间两端最小垂直距离之差。

2.0.3 垂直度：表示要求垂直的轴线与平面或两平面之间所形成的角度与直角之差。其偏差以该轴线或平面与理想垂直线的夹角来表示。

2.0.4 平整度：表示安装部件的某一平面上局部凸起或同一平面上的局部凹陷的最大差值。

2.0.5 平面度：表示一平面偏离理想平面的程度。其偏差如为设定平面与实际平面之间的距离值。

2.0.6 水平偏差：表示设备纵横水平中心线，检查四角是否安装在同一水平面上，纵、横向两点的高差即为（纵、横）水平偏差。

2.0.7 水平度：表示要求安装在同一水平面的物体，其相互间水平之差的程度，一般用水平尺、水平仪或 U 形管等测得各点之间的绝对差值。

3 施工准备

3.1 作业条件

3.1.1 土建基础画线验收完毕，经建设、监理、施工单位验收合格并办理交接手续后方可施工。

3.1.2 厂家设备到货齐全，经建设（或厂家）、监理、施工各方共同验收合格。

3.1.3 施工前组织有关人员学习施工图纸，对施工班组认真做好交底，对作业人员进行安全交底，对危险点作出相应的安全措施。

3.1.4 图纸及厂家技术资料齐全，并经施工图纸会审完毕。施工方案编制完成并经有关部门审核，并按施工方案及图纸要求进行了施工前的技术交底。

3.1.5 施工现场的吊装机具、运输机具、检测工具、辅助用材料准备齐全，对所使用的机具进行维护。测量工具应在周检期内。

3.1.6 根据图纸及设备要求加工专用的平垫铁和斜垫铁。

3.2 材料及机具

3.2.1 材料

水泵安装所需的材料有：各种离心泵，减震台座，减震器，固定用各种镀锌螺栓，限位器等。

3.2.2 机械与工具

1 施工机械，见表11-1。

施工机械 表11-1

名称	规格	数量	备注
汽车吊	根据具体情况而定	1～2台	
平板车	根据具体情况而定	1台	
螺旋千斤顶	根据具体情况而定	6台	
液压叉车	2t	2台	
倒链	2t	2台	
倒链	1t	2台	

2 工具：大锤、撬棍、扳手、力矩扳手、线坠等。

3.2.3 主要测量器具（表11-2）

主要测量器具 表11-2

序号	名称	规格	单位	数量
1	水准仪		台	1
2	框式水平仪	200×200，0.02mm/m	块	1
3	条式水平	150mm	块	2
4	钢卷尺	5m	台	1

4　操作工艺

4.1　施工工艺

基础定位 → 基础复核 → 开箱检查 → 画线定位 → 减振器设置 → 减振台座 →
水泵安装 → 找正找平 → 设置限位 → 产品保护

4.2　基础定位

依据机房设备布置图，结合各专业管线平衡的结果来确定设备的实际位置。

一般情况设计院出的施工图上都有机房详图，从该图上可以明确水泵安装位置，但是由于机房管线排布比较密集，而机房又是满足建筑物功能的核心部位，因此，为了使机房管线排布比较合理，施工必须先对所有经过机房的管线进行平衡，根据平衡的结果来最终确定水泵的安装位置。

4.3　基础复核

4.3.1　基础浇筑前的复核

基础浇筑前根据设计图纸以及现场管线平衡的结果对基础的位置进行最终的复核。如果设计在确定设备位置时已经充分考虑到了管线的平衡，那么设备基础位置与设计图纸的偏差不大，在基础浇筑时稍加调整即可；如果经现场平衡确定的基础位置与设计图纸偏差较大时，需要与设计进行沟通并且经设计同意后对设备基础位置进行调整，这样有利于机房管线的布置，也有利于将来机房成型后的美观。

4.3.2　基础大小的复核

基础浇筑施工前必须对基础的大小进行复核。设计院在出图时可能是依据经验或者是按照他现有的某一品牌的水泵资料来设计的水泵基础图。

不同品牌水泵的本体大小各不相同，其所需的基础大小也就不同，因此，在基础浇筑前必须与最终确定的水泵供应商协调联系，获取设备资料，包括基础的大小。

在水泵安装前必须对水泵基础位置的确定，基础大小的确定、复核等这几道工序认真把关，如果对水泵基础的位置或者基础的大小需要进行调整，要及时通知基础浇筑的施工单位，以便其能够及时对有关的基础资料进行更新，保证浇筑的基础符合安装要求。

4.3.3　基础浇筑后的复核

1　平面位置的复核

平面位置的复核以设计图纸或者以最终确定的基础位置为依据，通过测量基础的中心线、中心点，或者基础的边线与建筑物结构墙（柱）的实际轴线、边缘线的距离来进行，其测量值与设计值允许偏差为 20mm。

2　基础大小及平整度的复核

基础复测一般采用经过校验后的盒尺以及水准仪来进行。

水泵基础平整度的复核，可以在基础上选取几个点来进行。一般情况下，选取减震器安装部位来进行测量。测量时先选取测量基准线，一般情况下建筑结构柱或结构墙上都放有 1m 线标志，可以用水准仪及标尺引用基准标高来测量减震器安装处的平整度。如平整度不符合要求，可用垫铁调整。

水泵基础复测符合规范或技术文件要求。

4.4　开箱检查

4.4.1　开箱检查内容

1　箱号、箱数以及包装情况。

2　设备的名称、型号和规格。

3　设备有无缺损件，表面有无损坏和锈蚀等；管口保护物或堵盖应完好。

4　对泵的主要安装尺寸，进出口口径大小进行复核是否与工程设计相符。

5　应按装箱清单检查设备技术文件、资料是否齐全，清点泵的零件和部件及专用工具有无缺件、损坏和锈蚀等。

6　其他需要记录的情况。

4.4.2　开箱检查参加单位

开箱检查须有建设单位、监理单位、设备供应商、施工单位参加，如在开箱过程中发现问题可以现场解决处理，如无法现场解决可做出备忘录，以便以后解决处理。

4.5　基础检查、划线定位

4.5.1　检查基础外表面不应有裂纹、蜂窝、孔洞、剥落面、露筋及混凝土离析等缺陷。按设计的基础图纸尺寸用细钢丝、钢卷尺、线锤和水准仪检查校对基础本身外形尺寸，各地脚螺丝孔间距和垂直度，各基础表面标高等。验收后的基础各地脚螺栓孔应用临时封盖加以封闭。

4.5.2 水泵安装就位前，应按施工图和有关建筑物的轴线或边缘线及标高线，划定安装的基准线，一般在基础上用墨斗弹出十字线，作为设备安装的基准线。

4.5.3 平面位置安装基准线与基础实际轴线或与厂房墙（柱）的实际轴线、边缘线的距离，其允许偏差为±20mm。实际测量偏差应该在允许范围内。

4.6 减振器的设置

4.6.1 减振器的选择

在民用建筑中水泵的安装过程中经常选用的减振器有 JSD 型（图 11-1 (a)）或 CT 型减振器（图 11-1 (b)(c)）。

1 JSD 型低频橡胶隔振器是由金属和橡胶复合制成，表面全部包覆橡胶，可防止金属锈蚀。这种减振器适宜于转速大于 600 转/分的风机、水泵、空压机、制冷机等动力机械的基础隔振降噪，尤其适用于立式水泵的基础隔振。

JSD 减振器结构简单、安装方便。可直接安装在机座下，同时也可用地脚螺栓固定安装，使用安全可靠；耐油、海水、盐、雾等，缺点是外面的橡胶长时间在高温下容易老化，因此适用于−15～+70℃的温度范围。

(a)　　　　　　　　(b)　　　　　　　　(c)

图 11-1　减振器

(a) JSD 型减振器；(b) CT 型减振器；(c) CT 型减振器（带固定底板）

2 CT 型阻尼弹簧隔振器是一种通用性预压缩阻尼弹簧隔振器，为了便于安装，隔振器上下端面套置橡胶衬垫，增大摩擦系数，可直接放置在隔振台座与支承结构之间，一般不需连接固定。当隔振设备与隔振器需要连接固定时，隔振器上端配螺栓装置进行固定，当隔振设备与支承结构需要连接固定时，隔振器上端配螺栓装置，下端配固定底板，以便与基础进行固定。

CT 型减振器具有结构合理，安装方便，频率低，阻尼大，隔振降噪效果明显等特点，广泛用于风机、水泵，压缩机等设备的减振。

水泵安装施工时如果设计或其他技术文件没有特殊要求，卧式泵尽量选用 CT 型减振器，立式泵或对耐腐蚀要求较高时可选用 JSD 型减振器。减振器规格大小的选择应根据减振器受到载荷大小来确定，每个减振器所受的载荷应大于 $G_泵 + G_座/n$ 的值，其中 $G_泵$ 为水泵重量，$G_座$ 为减振台座的重量，n 为减振器设置数量。

4.6.2 减振器的设置

水泵安装时减振器的设置应按照设备厂商提供的安装图来设置减振器。如没有要求，可根据设备的外型尺寸来设置，一般情况卧式水泵设置六个减振器，立式水泵设置 4 个，减振器成偶数设置（图 11-2、图 11-3）。

图 11-2　卧式水泵减振器设置效果　　图 11-3　立式水泵减振器设置效果

减振器一定要依据设备的重心来设置，尤其是卧式水泵。由于民用建筑中使用的水泵大多数是单级离心泵，其重心不在设备中心，因此，减振器的设置要使其能够尽量均匀承受水泵及其台座的重量，这样不仅可加强减振效果，而且还可以延长减振器使用寿命。我们可以通过查看每个减振器弹簧的压缩量来检查减振器受力是否均匀。

4.6.3 减振器的安装

减振器的安装需根据水泵安装基准线以及水泵配套的减振台座的大小在基础上画出减振器的位置及安装基准线。根据画出的基准线来安装减振器。减振器安装好后，通过固定螺栓与减振台座进行连接，而减振台座与设备之间的连接采用螺栓来连接。

4.7 减振台座设置

4.7.1 减振台座选用

水泵的减振台座通常有两种类型，一种是混凝土台座，一种是槽钢台座。

对于单台水泵，如冷冻泵、冷却泵，一般选用混凝土台座。对于成套的设备，例如消防泵组、喷淋泵组，一般选用整体的槽钢焊接成型的减振台座。减振台座可以自制也可以定制外购，但是，为了达到较好的安装效果，在条件允许的情况下，尽量让水泵供应商配套供货。

减振台座的选用需根据设备的大小来确定，为了使减震器能够均匀承受来自水泵的静载荷及动载荷，一般减振台座尺寸比设备基座尺寸大 200mm。

4.7.2 减振台座安装

减振器安装完成后，可以安装台座。较小的台座可采用人工安装，较大较重人工无法进行安装的，可采用手拉葫芦来安装。减振台座平稳落到减振器后将其固定螺栓孔位置加以调整，使其与减振器上方固定螺栓孔位置保持一致，然后将其与减振器固定。

4.8 水泵安装

4.8.1 水泵就位

卧式水泵的就位可以有两种方式，一种是单独就位，即根据画好的安装基准线，先安装减振器，然后再安装减振台座，最后水泵就位，水泵就位一般用手拉葫芦进行；第二种方法是先将水泵安装在减振台座上，然后再将其整体安装在减振器上，从而完成水泵的就位。

立式水泵由于其高度较高，为了确保设备及人员的安全，立式水泵的就位是采用顺序就位法，先安装减震器，再安装减震台座，最后用手拉葫芦将立式泵就位到台座上。

4.9 水泵找平找正

由于固定水泵的螺栓与螺栓孔间留有一定的调整余量，因此，水泵找正时如发现泵的横向纵向尺寸与安装基准线有偏差时，可用撬棍轻轻撬动水泵，直至水泵中心线与安装基准线相重合。如果偏差超出螺栓孔调整范围，则需要重新测量、放线、就位。

把水平尺靠在水泵出口法兰面上测量其水平度，当发现水平度偏差超出要求时，可通过在低的一端底座下加设垫铁的方式对其进行调整。

整体安装的泵，应在泵的进出口法兰面上用经过校验的水平仪进行测量，要求水泵安装精度：纵向安装水平偏差不应大于 0.1/1000，横向安装水平偏差不应大于 0.2/1000。

4.10 水泵的固定及限位

水泵找正调平后将其固定，为了使水泵在运行过程中不产生水平位移，在水泵安装完成后我们应对其做限位。水泵限位装置的设置一般有以下两种方式。

4.10.1 通过减振器限位

选用的减震器自带固定底板，安装过程中将减震器底板与设备基础固定，减震台座与减震器固定，水泵底座与减震台座固定，通过这种固定方式达到限制设备在运行时产生水平位移，以消除对管路系统的影响。

4.10.2 加限位装置

选用的减震器型号没有底板孔，无法对减震器以及减震台座、水泵进行整体固定，这样水泵运行时容易产生水平位移。为了消除水泵运行时产生的水平位移对设备及系统的影响，在减震台座四边加设限位装置。限位装置一般由现场制作，为了保证整体美观，采用 8mm 钢板制作。限位器宽度 10cm，在水泵静止状态下高度可与减振台座齐平。

5 质量标准

5.1 主控项目

5.1.1 基础表面平整度。

5.1.2 水泵安装的水平度。

5.1.3 水泵进出水口法兰的水平度，垂直度。

5.1.4 联轴器找同心。

5.2 一般项目

5.2.1 基础平面位置偏差。

5.2.2 减振器及减振台座的安装。

5.2.3 限位装置的安装。

6　成品保护措施

6.0.1　所有设备到现场后，排放整齐，各种不同的设备不能混放，同时做好标识；各种精密仪器及易损伤的设备与材料应单独放置并妥善保管。

6.0.2　对所有到场设备，施工班组要及时进行自检、复查并妥善管理，不得在设备上随意焊接、切割、涂画等。

6.0.3　所有安装完的设备做好临时保护措施，并挂牌标识以防止他人损伤设备，设备表面要及时进行擦拭。

6.0.4　放置在露天的设备应切实垫好，与地面保持一定的高度，堆放场地排水应畅通，并不得堆叠过高。并采用临时遮盖，以保证机器不受太阳直射和雨雪的侵蚀。

6.0.5　按制造厂或设备技术文件的要求，做好维护和保养。

7　注意事项

7.1　应注意的质量问题

7.1.1　作业人员施工前，应熟悉图纸及有关规程规范，了解对施工的要求，对具体作业人员应有书面技术交底。

7.1.2　现场所使用的检测工具应齐全，检测工具应经计量部门检验合格，并在周检期内。

7.1.3　认真做好设备开箱检验记录和设备保管工作，发现设备缺件、缺陷要做好记录，并逐级上报。

7.1.4　施工过程中，一定要严格按照施工图纸及规范的要求进行施工。

7.1.5　加强施工过程中的质量管理、监督工作，对存在的问题及时纠正、处理，杜绝质量隐患存在。

7.1.6　严格执行质量检验计划，做好班组自检及二、三级验收工作，并作好施工过程中产生的各种记录。

7.1.7　做好工序的交接工作，做到"上一道工序不合格，不进行下一道工序"，隐蔽工程隐蔽前必须经检查验收合格，并办理签证。

7.1.8　对于较大部件的运输安装应考虑其方向、正反及位置，以免设备进入厂房后无法调整。

7.1.9 安装前应对水泵进出水口密封，防止在安装过程中安装材料以及其他垃圾落入泵体，从而导致叶轮损伤。

7.2 应注意的安全问题

7.2.1 开工前对参加施工人员做好上岗技术培训和各级安全教育工作。施工前，应识别出水泵安装过程中存在的危险源，编制有针对性的安全技术交底方案以及安全应急预案。做好上岗人员的安全考核和体检检查，禁止不符合安全要求的施工人员进入现场。

7.2.2 作业前，作业人员接受技术交底和安全交底，并领会作业内容，熟悉图纸。

7.2.3 专业人员上岗前，应具备上岗资格，特种作业人员应持合格的操作证。

7.2.4 在吊装大件、散件等设备件，吊装前一定要将设备件绑扎牢固，吊挂点的棱角处垫半圆橡胶皮，以免损伤钢丝绳。严防高处落物伤人或损害设备，吊装前一定要对钢丝绳、倒链、卸扣等起重工器具进行检查，严禁超负荷使用。设备提升过程中拴好牢固的溜绳控制方向，防止与周围的设备相撞。

7.2.5 施工人员的安全设施配置齐全、可靠，严格按照作业指导书要求进行施工。在操作过程中，坚守工作岗位，严禁酒后操作。

7.2.6 所有用电设备必须有可靠的接零接地。

7.2.7 施工区道路不得堆放任何杂物，道路保证平整畅通，保证施工现场有足够的照明。

7.2.8 强制性条文应严格按要求执行。

7.3 应注意的绿色施工问题

7.3.1 必须采取相应措施以使施工噪声符合《建筑施工场界环境噪声排放标准》GB 12523—2011。

7.3.2 在可供选择的施工方案中尽可能选用噪音小的施工工艺和施工机械。

7.3.3 配备相应的洒水设备，及时洒水，减少扬尘污染。

7.3.4 临时用电线路应布置合理、安全，宜选用节能灯；试验用水宜回收利用。

7.3.5 对施工期间的固体废弃物应分类定点堆放，分类处理。

7.3.6 施工期间产生的废钢材、木材，塑料等固体废料应予回收利用。

7.3.7 现场清洗废油要回收处理，现场存放油料应防止油料泄漏。

7.3.8　现场设置带油废弃物回收垃圾箱，回收后的带油废弃物要放到指定地点，沾染了油、油脂的手套，擦拭油污的棉纱、破布等及时回收。

7.3.9　在安装施工中，使用有毒有害物质时，如稀料、各种胶等，设置专门地点储存，要有密封防泄露措施。尽量减少挥发，严禁遗洒。

7.3.10　应避免设备安装过程中放射源的射线伤害，减少电弧光污染。

8　质量记录

8.0.1　设备开箱检查记录。

8.0.2　设备缺陷情况记录及处理情况记录。

8.0.3　设计变更记录。

8.0.4　安装检查记录。

8.0.5　施工质量验收记录。

8.0.6　设备试运前检查及试运转记录。

8.0.7　其他有关资料记录。

第 12 章　室外供热管道安装

本工艺标准适用于民用建筑群（小区）饱和蒸汽压力不大于 0.7MPa，热水温度不超过 130℃的室外采暖及热水供应管道的安装工程。

1　引用标准

《建筑给水排水及采暖工程施工质量验收规范》GB 50242—2002

2　术语（略）

3　施工准备

3.1　作业条件

3.1.1　应编制室外供热管道安装工程施工方案。

3.1.2　安装直埋管道，沿管线铺设位置无障碍物及杂物，沟底找平夯实，沟宽及沟底标高尺寸复核无误。

3.1.3　安装地沟内的管道，应在管沟砌完后、盖沟盖板前进行，管沟砌筑尺寸及方位符合设计要求。

3.1.4　安装架空的管道，支、托架的位置、标高复核无误。

3.2　材料及机具

3.2.1　主要材料：管材、管件、阀门、支吊架等。

3.2.2　辅助材料：型钢、螺栓、螺母、垫片、油麻、气焊条等。

3.2.3　机具：汽车吊、砂轮切割机、套丝机、台钻、电钻、电焊机、弯管器、倒链、角向磨光机、水准仪、压力案、管钳、活扳手、手锯、手锤、台虎钳、电气焊工具、钢卷尺、水平尺等。

4　操作工艺

4.1　工艺流程

4.1.1　直埋管道安装工艺流程如下：

保温、防腐 → 放线定位 → 挖沟、砌井 → 铺底沙 → 管道敷设安装 →

补偿器安装 → 水压试验 → 防腐、保温维修 → 填盖细沙 → 回填土夯实

4.1.2 地沟管道安装工艺流程如下：

放线定位 → 挖沟 → 砌筑 → 支架制、安 → 管道安装 → 补偿器安装 →

水压试验 → 防腐、保温 → 盖沟盖板 → 回填土

4.1.3 架空管道安装工艺流程如下：

放线定位 → 卡架安装 → 管道安装 → 补偿器安装 → 水压试验 → 防腐保温

4.2　直埋管道安装

4.2.1　根据设计图纸的位置，进行测量、打桩、放线开挖、地沟垫层处理等。

4.2.2　为便于管道安装，挖沟时应将挖出来的土运走或堆放在沟边一侧，土堆底边应与沟边保持 0.6～1m 的距离，沟底要求找平夯实，防止管道受力不均。

4.2.3　管道下沟时，应检查沟底标高、沟宽尺寸是否符合设计要求，保温管应检查保温层是否损伤，如局部有损伤，应将损伤部位放在上面，做好标记，便于统一修补。

4.2.4　管道应先在沟边进行分段焊接，每段长度在 25～35m 范围内。放管可根据现场实际情况用吊车放入沟内，也可利用人工进行。

4.2.5　沟内管道焊接：连接前应清理管腔，将管子找平找正，焊接处要挖出工作坑，其大小要便于焊接操作。

4.2.6　阀门、配件、补偿器支架等，应在施工前按施工要求预先放在沟边沿线，并在试压前安装完毕。

4.2.7　管道水压试验应按设计要求和规范规定进行，办理隐检记录，管内的积水要彻底泄净。

4.2.8　管道防腐的修补及焊口处的防腐保温应在水压试验后进行。

4.2.9　回填土时要在保温管四周填 100mm 细砂，再填 300mm 素土，用人工分层夯实。管道穿越马路埋深少于 800mm 时，应做简易管沟，加盖混凝土盖板，沟内填砂处理。

4.3　地沟管道安装

4.3.1　在不通行地沟安装管道时，应在土建垫层施工完毕后立即进行安装。

4.3.2 按图纸标高进行复查，并在垫层上弹出地沟中心线，按规定间距安放支座及滑动支架。

4.3.3 管道应先在沟边分段连接，管道放在支座上时，用水平尺找平找正。安装在滑动支架上时，要在补偿器拉伸并找正位置后才能焊接。

4.3.4 地沟的管道应按设计要求安装在地沟的一侧或两侧，支架采用型钢，支架的间距和管道的坡度按设计规定确定。

4.3.5 支架安装要平直牢固，同一地沟内有几层管道时，安装顺序应从最下面一层开始。为了便于焊接，连接口要选在便于操作的位置。

4.3.6 遇有伸缩器时，应在预制时按规范要求做好预拉伸并做好支撑，按设计位置固定。

4.3.7 管道安装时，坐标、标高、坡度、甩口位置、变径等复核无误后，再把吊卡架螺栓紧好，最后焊牢固定卡处的止动板。

4.3.8 按规范要求进行试压、冲洗后，办理隐检记录，把水泄净。

4.3.9 管道防腐保温应符合设计要求和施工规范规定，最后将管沟清理干净。

4.4　架空管道安装

4.4.1 按设计规定的安装位置、坐标，量出支架上的支座位置，安装支座。

4.4.2 支架安装牢固后，进行架设管道安装，管道和管件应在地面组装，长度便于吊装为宜。

4.4.3 管道吊装可采用机械或人工起吊，绑扎管道的钢丝绳吊点位置，应使管道不产生弯曲为宜。已吊装尚未连接的管段，要用支架上的卡子固定好。

4.4.4 采用丝扣连接的管道，吊装后随即连接；采用焊接的管道，焊缝不许设在托架和支座上，管道间的连接焊缝与支架间的距离应大于150mm。

4.4.5 按设计规定的位置，分别安装阀门、集气罐、补偿器等附属设备并与管道连接好。

4.4.6 摆正或安装好管道穿结构处套管，填堵管洞，预留口处应加好临时管堵。

4.4.7 按设计要求进行水压试验及管道冲洗工作。

4.4.8 管道的防腐保温，应符合设计要求和施工规范的规定，注意做好保温层外的防雨、防潮等保护措施。

5 质量标准

5.1 主控项目

5.1.1 直埋、铺设在沟槽内及架空管道的水压试验，必须符合设计要求和施工规范规定。

检验方法：检查管网或分段试验记录。

5.1.2 管道的坡度应符合设计要求。

检验方法：用水准仪（或水平尺）、拉线和尺量检查或检查测量记录。

5.1.3 管道固定支架的位置和构造必须符合设计要求和施工规范的规定。

检验方法：观察和对照设计图纸检查。

5.1.4 伸缩器的位置必须符合设计要求，并应按设计要求进行预拉伸。

检验方法：对照设计图纸检查预拉伸记录。

5.1.5 减压器调压后的压力必须符合设计要求。

检验方法：检查调压记录。

5.1.6 除污器、过滤网的材质、规格和包扎方法必须符合设计要求。

检验方法：解体检查。

5.1.7 调压板的材质、孔径、孔位必须符合设计要求。

检验方法：检查安装记录或解体检查。

5.1.8 管道冲洗完毕应通水、加热，进行试运行和调压。当不具备加热条件时，应延期进行。

检验方法：测量各建筑物热力入口处供回水温度及压力。

5.2 一般项目

5.2.1 管道焊接的焊口表面无烧穿、裂纹、结瘤、夹渣及气孔等缺陷，焊波均匀一致，焊口的无损检验应符合设计要求和施工规范规定。

5.2.2 法兰连接应符合以下要求：对接平行、紧密，与管子中心线垂直，螺栓露出螺母长度一致，衬垫材料符合设计要求，且无双层。

检验方法：观察检查。

5.2.3 阀门的安装位置、进出口方向正确，连接牢固紧密，启闭灵活，朝向便于使用、维修，表面洁净。

检验方法：观察和手动检查。

5.2.4 管道支（吊、托）架的安装应符合以下要求：结构正确，埋设平整、牢固，排列整齐，支架与管子接触紧密。

检验方法：观察和尺量检查。

5.2.5 埋地管道防腐层的材质和结构应符合设计要求，卷材与管道以及各层卷材间粘贴牢固，表面平整无皱折、空鼓、滑移和封口不严密等缺陷。

检验方法：观察或切开防腐层检查。

5.2.6 室外供热管道安装的允许偏差和检验方法见表12-1。

室外供热管道安装的允许偏差和检验方法   表 12-1

序号	项目		允许偏差	检验方法
1	坐标（mm）	沟槽内及架空	20	用水准仪、水平尺、直尺、拉线和尺量检查
		埋地	50	
2	标高（mm）	沟槽内及架空	±10	
		埋地	±15	
3	水平管道纵横方向弯曲（mm）	每1m 管径≤100mm	1	
		每1m 管径>100mm	1.5	
		全长（25m以上）管径≤100mm	≤13	
		全长（25m以上）管径>100mm	≤25	
4	弯管	椭圆率 管径≤100mm	8%	用外卡钳和尺量检查
		椭圆率 管径>100mm	5%	
		折皱不平度（mm）管径≤100mm	4	
		折皱不平度（mm）管径125~200mm	5	
		折皱不平度（mm）管径250~400mm	7	
5	减压器、疏水器、除污器、蒸汽喷射器（mm）		5	尺量检查
6	保温	厚度	$+0.1\delta$ -0.05δ	尺量检查
		表面平整度 卷材或板材	5	
		表面平整度 涂抹或其他	10	

6 成品保护

6.0.1 安装好的管道不得吊、拉负荷及支撑、蹬踩，或在施工中当固定点。

6.0.2 各类阀门、附属装置应装保护盖板，不得砸碰损坏。

6.0.3 直埋管道吊装下管时，应注意保护保护层。

7　注意事项

7.1　应注意的质量问题

7.1.1　管道坡度不均匀或倒坡。

7.1.2　热水供热系统通水后局部不热。

7.1.3　蒸汽系统不热。

7.1.4　试压或调压时，管道被堵塞。

7.2　应注意的安全问题

7.2.1　施工现场周围应设置明显的安全标记。

7.2.2　夜间施工，应采用安全照明。

7.2.3　严禁在 5 级以上大风天气及雷雨天气施工。

7.2.4　现场挖掘管沟或深坑时，应根据土质情况加设挡土板，防止倒塌。如土质不良，管坑深满 1m 时，均应采用支撑或斜坡。

7.2.5　使用切割机时，首先检查防护罩是否完整，后部严禁有易燃易爆物品，切割机不得代替砂轮、磨物，严禁用切割机切割麻丝和木块。

7.3　应注意的绿色施工问题

7.3.1　应及时清理散落的保温材料。

7.3.2　严格控制切割管道等施工噪声。

7.3.3　水压试验用水采取措施进行合理排放。

8　质量记录

8.0.1　主要材料及设备的产品质量证明书。

8.0.2　材料及设备进场检验记录。

8.0.3　管道系统的安装记录。

8.0.4　伸缩器的预拉伸记录。

8.0.5　管道系统隐蔽工程检查记录。

8.0.6　管道试压记录。

8.0.7　系统冲洗记录。

8.0.8　系统调试记录。

8.0.9　检验批、分项、分部（子分部）。

第 13 章　锅炉及附属设备安装

本工艺标准适用于工作压力不大于 1.25MPa，蒸发量不大于 10t/h 的快装和散装锅炉及附属设备的安装工程。

1　引用文件

《建筑给排水及采暖工程施工质量验收规范》GB 50242—2002

《锅炉安装工程施工及验收规范》GB 50273—2009

《锅炉安全技术监察规程》TSG G0001—2012

2　术语

2.0.1　间距偏差：表示锅炉结构、设备部件设计中心线之间相对尺寸安装时允许的偏差（如柱子之间、横梁之间、水冷壁与钢结构之间等）。

2.0.2　对角线差：表示锅炉结构、设备部件外形设计方形或矩形纵横中心线交叉点之间两对角线长度之差值（如基础、柱子、炉膛等）。

2.0.3　标高偏差：表示锅炉结构、设备部件安装高度与设计标高之差值，一般均以钢架 1m 标高为基准。锅炉本体各专业（钢架、金属结构、受热面、烟风道、炉墙保温等）应统一使用经计量检定合格的测量工具或仪器。

2.0.4　平行度：表示两个相互平行的线或面间的平行程度。其偏差应为该两平行线或面之间两端最小垂直距离之差。

2.0.5　垂直度：表示要求垂直的轴线与平面或两平面之间所形成的角度与直角之差。其偏差以该轴线或平面与理想垂直线的夹角来表示，或以基准垂直轴线单位长度与所测线或面的最小距离 Δ 之比表示，如 Δ/m。

2.0.6　相对错位：表示两物件（构件、管件等）安装位置与设计中心线位置均有偏差，而偏差方向相反，相对错位为两个偏差绝对值之和。或虽偏差方向相同但偏差值不同，相对错位为两个偏差绝对值之差。

2.0.7 平整度：表示安装部件的某一平面上局部凸起或同一平面上的局部凹陷的最大差值。

2.0.8 水平偏差：表示锅炉锅筒、联箱等纵横水平中心线（安装前应先校核制造厂标志的水平线冲眼是否正确），检查四侧冲眼是否安装在同一水平面上，纵、横向两点的高差即为（纵、横）水平偏差。

2.0.9 水平度：表示要求安装在同一水平面的物体，其相互间水平之差的程度，一般用水平尺、水平仪或 U 形管等测得各点之间的绝对差值。

3　施工准备

3.1　作业条件

3.1.1 施工现场的运输道路、水源、照明、安全设施及消防设施等应具备使用条件。

3.1.2 施工技术人员及操作工人应熟悉有关技术文件、施工图纸及施工验收规范，了解设备技术性能和安装工艺、质量技术要求等。

3.1.3 施工前应在会审和熟悉图纸的基础上，编写好施工组织设计或施工技术方案，并根据施工组织设计及方案要求，设置临建设施，安置机具、平台，且组织材料进场。

3.1.4 设备基础按现行国家标准《混凝土结构工程施工质量验收规范》GB 50204 检查、验收合格并办理交接手续；基础强度未达到设计值 70％时不得承重。

3.1.5 基础的定位轴线和标高已在基础上做好标识及保护措施。

3.1.6 建筑物上的孔洞和敞口部分应有可靠的盖板或栏杆。

3.1.7 安装现场应有可靠的消防设施、照明和排水设施。

3.1.8 锅炉机组安装过程中应有保护建筑工程成品的措施，不得损坏建筑工程成品的标识和保护装置。

3.2　材料及机具

3.2.1 材料：钢板、工字钢、焊接材料、垫铁、防锈漆等。

3.2.2 主要机具及设备

安装钳工必备的各种测量器具、紧固工具、起重机具、电焊机、胀管器、红外线退火炉、角向磨光机、空压机、千斤顶、卷扬机等。

4 操作工艺

4.1 工艺流程

基础检查、验收、放线 → 设备搬运 → 开箱检查 → 钢架安装 → 锅筒、集箱安装 →

受热面管子安装 → 省煤器安装 → 空气预热器的安装 → 炉排安装 →

对于快装锅炉本体的安装 → 本体附属管路、阀门、附件及附属设备的安装 →

水压试验 → 烘炉、煮炉 → 严密性试验、安全阀调整 → 试运行

4.2 基础检查、验收、放线

4.2.1 检查基础的几何尺寸、预埋件、预留孔应与图纸和施工验收规范要求相符。

4.2.2 对基础质量进行检查，看是否有缺陷。

4.2.3 根据土建单位提供的基础轴线和标高基准点，按照图纸及设备尺寸划出纵、横安装基准线和标高基准点。

4.3 设备搬运

4.3.1 设备搬运前，要熟悉有关设备技术文件，掌握设备结构特点，箱体尺寸、重量，并根据运输道路情况确定搬运方法，对大型或重大设备要事先编制方案。

4.3.2 搬运过程中，要有明确分工，各负其责，服从统一指挥。

4.3.3 要明确捆绑吊运点及安全事项，所有起重机具不准超载使用，使用前应认真检查，严格执行操作规程，防止发生事故。

4.3.4 设备搬运道路、堆放场地应坚实、平坦。

4.3.5 锅炉本体的设备，应直接堆放在安装地点附近，以减少设备的二次搬运。

4.4 开箱检查

4.4.1 根据说明书、装箱单、查对零部件、备件数量、专用工具数量，并做好必要的入库保管。

4.4.2 开箱检查清点是检查其数量是否齐全，尺寸规格、质量及用材等是否符合规定要求。

4.4.3 在开箱检查清点时，根据图纸对需要编号的加以编号。

4.4.4 开箱检查记录，对缺件、规格品种不符及损伤件，必须记录清楚，建设单位（制造厂）、监理单位和施工单位签字确认。

4.5 钢架安装

4.5.1 钢架安装前的校验

1 按照施工图样清点数量，并对柱子、梁等主要构件根据制造技术标准和施工验收规范进行检查、校验。

2 对变形超过制造技术标准和施工验收规范要求的构件应矫正，矫正一般用冷矫正，亦可用热矫正。

3 对焊接质量应进行外观检查，如有漏焊、焊接不良等现象，应按图纸要求进行补焊。

4.5.2 钢架安装

1 钢架安装时，宜先根据柱子上托架和柱头标高在柱子上确定并划 1m 标高线；找正柱子时，应根据厂房运转层上的标高基准点，测定各柱子上的 1m 标高线。柱子上的 1m 标高线应作为以后安装锅炉各部组件、元件和检测时的基准标高。

2 钢架一般采用地面组合成 2～3 片，分片吊装，也可单件散装，由锅炉结构特点，施工机具和施工条件等综合考虑选定。

3 钢架（立柱、横梁）经过检查和校正后，就按照设备图纸进行组合，组合前先搭设组合架，其大小应根据组合件的大小而定，位置一般在运输道路附近和起重设备工作范围内。

4 组合时，测量柱间距离及对角线尺寸，同时测量横梁标高、水平度，立柱铅垂度及中轴平行度等，调整到符合要求。

5 调整完毕进行点焊，然后复测一次，如有不符合要求的应及时修正，最后焊接。

6 钢架组件吊装可根据外形尺寸、重量、施工阶段环境和起重条件，设计选定用移动式起重机、桅杆起重机或利用建筑物结构挂滑轮组来起吊。

7 根据具体情况在钢架上选择吊点，必要时进行刚性加固，钢架起吊就位后，对于单片组件未连成整体时，应临时稳妥固定。

8 调整钢架中心距离、标高、铅垂度和梁水平后，将底座与基础固定。

9 标高和水平度的测量可用水准仪、水平仪；铅垂度测量用经纬仪或挂线坠；中心距离、对角线距离的测量，用钢盘尺。

10 钢架立柱底板用螺栓固定者，灌浆层厚度不宜小于50mm，与预埋板焊接固定者，底板与预埋板间应严实；用预埋钢筋焊接固定时，钢筋宜加热弯曲，并靠紧在立柱板上，钢筋转拆处不应有损伤，其焊缝长度应为钢筋直径的6～8倍，并应焊牢。

11 钢架调整固定后，安装并焊接未预组合的构件，焊接时宜先焊下部，后焊上部，要预防和减少变形，在炉架未焊成整体前，不得使钢架承担负载。

12 平台、栏杆、托架等构件可与钢架一起组装，亦可钢架安装固定后再安装。

4.6 锅筒、集箱安装

4.6.1 锅筒、集箱安装前的检查

1 检查外表及管孔表面是否有制造、运输损伤的缺陷及变形弯曲。

2 检查锅筒、集箱两端水平和垂直中心线的标记位置是否准确，必要时应根据管孔中心线重新标定和调整。

3 检查管孔、短管的排列及中心距是否符合技术要求。

4 清洗管孔、测量管孔的直径、圆度、圆柱度偏差是否符合要求，检查孔外表有无沟槽痕迹，并应符合规范要求。

5 检查支座与梁、支座与锅筒的接触情况，应符合图纸及规范要求。

4.6.2 锅筒、集箱安装

1 先安装找正锅筒支座，无支座的锅筒应作临时支座，临时支座的位置要避免影响管子安装。

2 锅筒吊装方式可按实际条件选用移动式起重机、桅杆起重机或利用锅炉钢架本身来起吊。

3 锅筒、集箱吊升时，应用溜绳稳住，避免碰撞钢架，就位时尽量对正中心，支吊稳固后再拆除吊具。

4 锅筒上位后，应按设备技术文件要求留出热胀尺寸。

5 锅筒、集箱就位后，应根据纵、横向安装基准线和标高基准线对锅筒、集箱中心线进行测量，其允许偏差应符合技术文件或施工验收规范。

6 纵横中心线用挂线坠方法找正，标高和水平度用水准仪或玻璃管液位联通器找正。

7　上、下锅筒、锅筒和集箱及钢架间的距离，一般用挂线坠方法辅以钢尺找正。

8　锅筒、集箱调整找正后，应作固定或临时固定，固定后再测量一次看是否有变化，如有超差应及时调整过来。

9　锅筒临时固定时，如需焊接固定，不得直接在锅筒或集箱上施焊。

4.7　受热面管子安装

4.7.1　管子检查、放样、校正

1　检查管子外观是否有重皮、裂纹、压扁及较严重的锈蚀。

2　合金钢管应逐根进行光谱检查。

3　受热面管子应作通球检查，通球用钢或木制球，通球直径应符合规范要求，通球后的管子应有可靠的封闭措施。

4　胀接端面的倾斜度不应大于公称外径的 1.5%，且不大于 1mm。

5　在放样平台上将炉管按图纸尺寸、形状放出实样，逐根按号校验安装尺寸和形状，偏差应不超过规范要求。对超差管子应作修整，同时在管子上作出编号，编号时宜按测得的管端尺寸大小匹配排列。

6　胀接管端应根据打磨后的管孔直径与管端外径的实测数据进行选配，使胀接管孔与管端的最大间隙符合规范要求。

4.7.2　管端退火

1　管子胀接端应进行退火，当管端硬度值大于或等于管孔壁板处的硬度时必须退火。退火可用红外线退火炉、铅浴锅等退火，也可用其他加热方法退火。

2　退火前应清除管内脏物、泥土，退火时，受热应均匀，退火温度应控制在 600～650℃之间，并应保持 10～15min，退火长度应为 100～150mm，退火后的管端应有缓慢冷却的保温措施。

4.7.3　管子打磨

1　胀接前清除管端和管孔的表面油污，并打磨至发出金属光泽。

2　打磨长度至少应为管壁厚加 50mm，打磨后，管壁厚度不得小于公称壁厚的 90%，且不应有起皮、凹痕、裂纹和纵向刻痕等缺陷。

3　打磨可用机械磨管机或手工锉刀打磨，然后用砂布沿管端圆周精磨一遍。

4　管端打磨后如未安装胀接，应用牛皮纸或塑料薄膜包严防潮，安装胀接时还应用细砂布轻磨一遍。

4.7.4　试胀

1　管子在正式胀接前，一般应进行试胀，检验胀接工具、胀接材料性能。

2　试胀用的板材、管材应与锅炉正式胀接材料相同，并将管材进行相应条件退火。

3　试胀时应对试胀件进行检查分析，检查有否裂纹、夹皮，过渡部分是否圆滑。测量计算出胀管率。

4　试胀后对试件进行胀接严密性检验及管壁减薄检验，必要时作水压试验，然后决定正式胀管率，当采用内径控制法时，胀管率应控制在 1.3%～2.1% 的范围内，当采用外径法时，胀管率应控制在 1.0%～1.8% 的范围内。

4.7.5　胀管

1　胀管前应清洗锅筒管孔板，并打磨出金属光泽。

2　检查管孔壁板有否沟槽、凹痕等外伤。

3　管孔尺寸及偏差应符合有关技术文件的规定。

4　管端伸出管孔的长度，应符合规范要求。

5　胀管方法可分为一次胀管法和两次胀管法两种，胀管操作方式有手胀操作和电动操作两种。一次胀管法是使用带翻边的胀管器，将初胀固定和复胀翻边一次完成；两次胀管法是分两个工序完成。但基准管应采用两次胀管法胀接。

6　胀管顺序：先基准管，后各排管；先中间排管，后两侧排管；先上边管口，后下面管口。凡一端胀接，另一端焊接，应先焊后胀。上端胀接时，下端可用夹具固定。各排管不能由同一端往另一端胀接，应逐排变换始胀端。

7　安装基准管时，宜先将最内两排和最外两排的管固定，准确控制纵、横间距，然后由中间两排逐次向外挂管固定。

8　挂管时，管端应能自由伸入时，应再次校正。管子的外径与管孔直径应按选配的编号挂管，即大管径配大管孔，小管径配小管孔。

9　胀口胀完后，管端不应有起皮、皱纹、裂纹、切口和偏斜等，胀管率应符合要求。

胀管率按下式计算：

$$H_n = [(d_1 - d_2 - \delta)/d_3] \times 100\%$$

$$H_{\mathrm{w}} = [(d_4 - d_3)/d_3] \times 100\%$$

式中　H_{n}——采用内径控制法时的胀管率；

　　　H_{w}——采用外径控制法时的胀管率；

　　　d_1——胀完后的管子实测内径（mm）；

　　　d_2——未胀时的管子实测内径（mm）；

　　　d_3——未胀时的管孔实测内径（mm）；

　　　d_4——胀完后紧靠锅筒外壁处管子实测外径（mm）；

　　　δ——未胀时管孔与管子实测外径之差（mm）。

10　胀管工作宜在环境温度为 0℃ 以上进行，水压试验时漏水的胀口，应在放水后立即进行补胀，补胀次数不宜多于 2 次。

4.7.6　受热面管子焊接

1　受热面管子的焊接应符合现行国家标准和有关规定。

2　焊接前应作焊接工艺评定试验，然后按试验合格所定参数，由合格焊工施焊。

3　锅炉受热面管子及其本体管道的焊接对口，内壁应平齐，其错口不应大于壁厚的 10%，且不应大于 1mm。

4　焊接管口的端面倾斜度应符合规范要求。

5　管子由焊接引起的变形，其直线度应在距焊缝中心 50mm 用直尺进行测量，其允许偏差应符合规范要求。

6　管子一端为焊接，另一端为胀接时，应先焊后胀。

7　管子上的附属焊接应在水压试验前焊完。

8　施焊时不得在焊件表面引弧和试验焊接。

9　有机热体炉受热面管对接焊缝应采用气体保护焊接。

10　受热面管子焊口按规定作无损检测，检测不符合要求时，应按规定返修和扩大检测量，同一位置上的返修不应超过三次，补焊区仍应做外观和射线探伤检测。

11　管排的排列应整齐，不应影响砌（挂）砖。

4.8　省煤器安装

4.8.1　检查省煤器外观质量和尺寸，每根铸铁省煤器管上破损的翼片数不大于总翼片数的 5%，整个省煤器中有破损翼片的根数不应大于总根数的

10%。

4.8.2 清扫吹净管内杂物、尘土，除净法兰面的锈蚀和螺栓孔槽内毛边刺。

4.8.3 钢管式省煤器应作通球试验，对铸铁省煤器安装前，宜逐根（或组）进行水压试验，试验压力应符合规范要求。

4.8.4 省煤器安装可单根安装或地面组合整体安装，整体安装时，影响吊升的炉构件应后安装固定。

4.8.5 省煤器安装时，其支承架的允许偏差应符合规范要求。

4.9 空气预热器安装

4.9.1 安装前清扫洁净，检查外形和几何尺寸，吹扫管子通道，应畅通无阻塞现象。

4.9.2 空气预热器的吊装可用起升锅筒和钢架之起重设备，或利用尾部钢架挂起重设备提升。

4.9.3 管箱体吊升前应先划出纵、横轴线，同时划出框架上的纵、横轴线，便于上位找正。

4.9.4 两端的空气连通管罩应在管箱安装固定后再安装连接，空气和烟气流通部分应隔离严密，不得串气。钢管式空气预热器的伸缩节的安装要正确连接应良好，不应有泄露现象。

4.9.5 在温度高于100℃区域内的螺栓、螺母上应涂上二硫化钼油脂、石墨机油或石墨粉。

4.9.6 钢管式空气预热器安装时，允许偏差应符合规范要求。

4.10 炉排安装

4.10.1 链条炉排安装

1 清点检查设备零部件的数量、尺寸及外观质量。

2 炉排的主要部件组装前应符合规范要求。

3 测量放线：

按锅炉轴线放出主、从动轴轴线、传动箱、电机轴线、墙板位置线等。炉排的热胀方向：纵向——从动轴方向，横向——非传动侧方向。

4 安装下部支架导轨及墙板座：

（1）以炉排中心为准，检查支架导轨的轴线、地脚螺孔线，必要时修整地脚螺栓孔，清理后灌浆固定地脚螺栓。

（2）墙板座灌浆固定时，要保持垂直和标高一致，横向和纵向间距离符合要求。

5　墙板安装：

（1）墙板的弯曲变形应矫正后安装，并划出安装位置。

（2）墙板就位固定时要找正纵、横向距离、墙板直线度和垂直度，前后轴线直线度，同时测量轴线标高均应符合要求。

（3）墙板与隔板等的连接要紧密，墙板与墙板座的连接型钢应能在孔内膨胀移动。

（4）安装上部导轨时，要找正间距和水平度。

6　主动轴、从动轴及传动箱安装：

（1）检查轴的直线度，链轮齿，拆检滚动轴承，必要时清洗上油，查看冷却水管道是否畅通。

（2）安装主动轴和从动轴，检测两轴距离、平行度、对角线距离、水平度，调整至符合要求。

（3）两轴的非传动侧端、轴承外壳凹槽与墙板配合处，应保证轴能向该侧胀伸移动。

（4）两轴找正后，安装传动箱、传动齿轮箱与主动轴联接。

7　墙板、墙板座、风室及前、后传动轴等亦可预先组合，从炉前吊运入基础上安装固定，然后安装其他部件。

8　炉链安装：

（1）首先安装链条，将链条摆放平直，检查链条长度，应符合规范要求，按链条长度偏差在传动轴上对称配置，用卷扬机或倒链将链条拉入安装位置，连接螺栓销轴。

（2）安装滚销轴和套管及拉杆，边装边转动传动齿轮箱，将已装部分转到炉排上方，至转动一周装完滚销轴、套管和拉杆。

（3）安装铸铁炉排片，炉排片从一端成排向另一端组装，组装时不可太紧、过松，装好后，用手扳动应松动灵活，炉排和墙板间、防焦箱间应有膨胀间隙。

（4）链条炉排安装的允许偏差应符合规范要求。

9　安装挡风门、挡渣器

（1）挡风门应检查几何形状，不得变形弯曲，安装应贴合严密，挡风门的开

137

关位置要正确，操作应灵活。

（2）挡渣器先安装好支座，在炉排装妥合适后安装挡渣铁，挡渣铁应整齐地贴合在炉排面上，在炉排运转时不应有顶住、翻倒现象。

4.10.2 往复式炉排安装

1 清点检查设备零部件数量和质量，清除有碍安装的毛边、尖刺。

2 安装炉排支架和炉排梁找正间距、水平和对角线后固定。

3 安装炉排片，炉排片间应留膨胀间隙，炉排与两侧集箱间亦留出规定的间隙值。

4 安装推、拉杆及风室隔板，推、拉杆要灵活，风室隔板严密不漏风，但也要防止卡涩。

5 往复炉排安装的允许偏差应符合规范要求。

4.11 **对于快装锅炉本体的安装**

4.11.1 根据具体情况，选择运输工具，将锅炉运输到除理好的基础上。

4.11.2 当锅炉运到基础上以后，将锅炉的纵、横中心线与基础的纵、横中心线初步调整相吻合。

4.11.3 利用倒链、千斤顶、垫铁、水平仪等将锅炉找平、找正，允许偏差应符合技术文件或规范要求。

4.11.4 与锅炉本体相连的烟、风、煤（或油）、灰渣管路应密封严密。

4.12 **本体附属管路、阀门、附件及附属设备的安装**

4.12.1 本体附属管路

1 本体管路包括排污、取样、疏放水、排汽、吹灰、水位计和安全阀等的管路。

2 管路支、吊架布置要合理，结构牢固，且不影响管系的膨胀。

3 管道的焊接及检验，均应符合锅炉管道安装的有关规定。

4 安全阀排汽管、疏水管、排水管上不允许装设阀门。

4.12.2 阀门安装

1 安装前应按图纸核对阀门型号、规格，并标记阀门开关方向和介质流向。

2 阀门内部及法兰面清洗干净，阀门均应进行严密性试验，严密性试验压力为工作压力的 1.25 倍。

3 操作传动机构，将阀门开关几次，检查开、闭到位是否符合要求。开关应灵活、方向正确。

4　进出口有方向性的阀门，注意方向正确，不得装错。只能水平安装的某些阀门，不得装在立管段上。

5　阀门与管道的连接：直线段上应与轴线一致；交叉管段上应角度正确，安装部位便于维修，手轮位置要方便操作、整齐美观。

4.12.3　安全阀安装

1　安全阀必须垂直安装，并应装设有足够截面的排气管，其管路应畅通，并直通安全地点；排汽管底部应装有疏水管。省煤器的安全阀应装排水管。

2　安全阀应逐个进行严密性试验。

3　安全阀应检查其始启压力、起座压力及回座压力，且必须符合技术文件及规范要求。

4　安全阀应无泄漏和冲击现象。

5　安全阀经调整检验合格后，应做标记。

4.12.4　吹灰器安装

1　安装前清洗吹灰管和传动机构，检查吹灰器是否完好、灵活。

2　吹灰管喷嘴孔应在受热面管排的空隙中间，吹扫时不会损伤受热面管子。

3　焊接在锅炉受热面上的吹灰器支吊件应在水压试验前完成。

4　吹灰器管路应有坡度，并能使凝结水通过疏水阀流出，管路保温应良好。

4.12.5　出渣机的安装

1　先将出渣机从安装孔放在基础上。

2　将漏灰接口板安装在锅炉底板的下部。

3　安装锥形渣斗，上好漏灰接板与渣斗之间的连接螺栓。

4　吊起出渣机的筒体，与锥形斗连接好，法兰连接处应严密不漏。

4.12.6　除尘器的安装

1　安装前首先核对除尘器的旋转方向与引风机的旋转方向是否一致，内壁耐磨涂料有无脱落。

2　安装除尘器支架：将地脚螺栓安装在支架上，然后把支架放在划好基准线的基础上。

3　安装除尘器：支架安装好之后，吊装除尘器，紧好除尘器与支架的连接螺栓。吊装时根据情况可分段吊装，也可整体吊装。除尘器的蜗壳与锥形体连接的法兰要连接严密，垫料应加在连接螺栓的内侧。

4 烟管安装：安装烟管和除尘器的扩散管，连接要严密。烟管安装好之后，检查扩散管的法兰与除尘器的进口法兰位置是否合适，使除尘器与烟管连接妥当。烟管与引风机连接应采用软件接头，不得将烟管重量压在风机上。

5 检查除尘器的垂直度和水平度：除尘器和烟管安装完毕，检查除尘器及支架的垂直度和水平度。其允许偏差应符合技术文件的要求。

6 锁气器的安装：锁气器是除尘器的重要部件，是保证除尘器效果的关键部位之一，因此锁气器的连接处和舌形板接触要严密，配重或挂环要合适。

4.12.7 软化水设备安装

1 锅炉设备做到安全、经济运行，与锅炉水处理有直接关系。锅炉没有水处理措施不准投入运行。

2 低压锅炉的水处理一般采用钠离子交换器进行水处理。多采用固定床顺流再生、逆流再生和浮动床三种工艺。

3 钠离子交换器安装前，应检查设备的外形尺寸、法兰位置是否正确，设备表面有无撞痕，罐内防腐有无脱落，支座是否牢固，并做好记录。为了防止树脂流失应检查布水喷嘴和孔板垫布有无损坏，绑扎是否牢固。

4 钠离子交换器的安装：根据具体情况用起重机将离子交换器就位在划好基础线的基础上，用垫铁找直找正，视镜应安装在便于观看的方位，罐体垂直度应符合技术文件及规范要求。找直找正后灌注混凝土，当混凝土强度达到75%时，可将地脚螺栓拧紧。在吊装时要防止损坏设备。

5 设备配管：应用钢管或塑料管，采用螺纹连接的，丝扣要严密。所有阀门安装的标高和位置应便于操作，配管的支架严禁焊在罐体上。

6 配管完毕后，根据说明书进行水压试验，检查法兰接口、视镜、丝头、不渗漏为合格。

7 装填石英砂和树脂，应根据说明书先将石英砂按颗粒大小分层进行装填，然后树脂层装填到说明书要求的高度。

8 盐水箱（池）安装：如用塑料制品，可按图纸位置放好即可，如用钢筋混凝土浇筑或砖砌盐池，应分为溶盐池和配比池两部分，为防止盐内的泥砂和杂物进入配比池内，在溶盐池内加过滤层。

4.12.8 风机的安装（详见风机安装工艺标准）

4. 12. 9　泵的安装（详见泵类设备安装工艺标准）

4. 13　水压试验

4. 13. 1　水压试验前的准备工作

1　受热面管上的附件应焊接完毕，拆除临时固定支撑，对试压部分进行内部清理检查，管路内应无堵塞。

2　准备试压泵及试压检查工具。

3　装设经校验合格的压力表至少两块，一块装于锅筒上部，一块装于加压泵出口。额定工作压力小于 2.5MPa 的炉，压力表的精度等级不应低于 2.5 级。压力表经过校验并合格，其表盘量程应为试验压力的 1.5～3 倍。

4　应在系统的最低处装设排水管道和在系统的最高处装设放空阀。

4. 13. 2　试压的范围和操作

1　试压的范围为锅炉本体的汽、水压力系统及其附属装置；安全阀应单独作水压试验。

2　水压试验的压力应符合规范要求。

3　水压试验应在环境温度高于 5℃时进行，当环境温度低于 5℃时应有防冻措施。

4　水温应高于周围露点温度。

5　试压操作：

关闭锅炉所有阀门，打开顶部放空阀，往锅炉内充水，检查胀口、焊口及连接处有无漏水，发现漏水应及时修理好。待顶部排气阀排尽锅炉内空气，至出水后关闭排气阀，当初步检查无漏水现象时，再缓慢升压，当压力升到 0.3～0.4MPa 时应进行一次检查，必要时可拧紧人孔、手孔和法兰等螺栓。当压力上升到额定工作压力时，暂停升压，检查各部分，应无漏水或变形等异常现象。关闭就地水位计，继续升到试验压力，并保持 20min，其间压下降不应超过0.05MPa。然后回降到额定工作压力进行检查，检查期间压力应保持不变。水压试验时受压元件金属壁和焊缝上，应无水珠和水雾，胀口不应滴水珠。

当水压试验不合格时，应返修，返修后应重做水压试验。水压试验后，应及时将锅炉内的水全部放尽，当管内的水不能放尽时，在冰冻期间应采取防冻措施。

4.14　烘炉、煮炉

4.14.1　烘炉、煮炉前的准备工作

1　锅炉和附属装置全部安装完毕，并经试验合格，砌筑和保温工作全部结束，炉内外及各通道应全部清理完毕。

2　热工仪表安装完毕经校验合格，模拟动作试验符合要求。

3　锅炉给水应符合现行国家标准的规定。

4　管道、风道、烟道、灰道、阀门及挡板均已标明介质流向、开关方向和开度指示。

5　锅筒和集箱上的膨胀指示器应安装完毕，在冷态状态下应调整到零位。

6　选设测温和取样点，一般可设在：燃烧室侧墙中部，炉排上方 1.5～2.0m 处；过热器或相应炉膛两侧墙的中部；省煤器或相应烟道口后墙中部。

7　应有烘炉、煮炉升温曲线图。

4.14.2　烘炉操作

1　烘炉可根据现场条件采用火焰、蒸汽烘炉法后期宜补用火焰烘炉。

2　烘炉时间应根据锅炉类型、砌体湿度和自然通风干燥程度确定，宜为 14～16d；但整体安装的锅炉，宜为 2～4d。

3　烘炉温升应按过热器后（或相当位置）的烟气温度测定，根据不同的炉墙结构，其温升应符合下列规定：

（1）重型炉墙第一天温升不宜超过 50℃，以后每天温升不宜超过 20℃，后期烟温不应高于 220℃。

（2）砖砌轻型炉墙，每天温升不宜超过 80℃，后期烟温不应高于 160℃。

（3）耐火浇注料炉墙，养护期满后，方可开始烘炉，每小时温升不应超过 10℃，后期烟温不应高于 160℃，在最高温度范围内持续时间不应少于 24h。

4　开始时火焰宜小，宜在炉排中央，不宜集中于前、后拱处，火焰要均匀，不宜时断时续。烘炉时配合燃烧、排烟温度和排湿气调节风量。

5　烘炉燃料（木材、煤）中不得有铁钉，铁片等物，炉排要定期转动，炉排下的灰渣要按时清除。

6　当采用蒸汽烘炉时，应采用 0.3～0.4MPa 的饱和蒸汽从水冷壁集箱的排污阀处连续、均匀地送入锅炉，逐渐加热炉水，炉水水位应保持正常，温度宜为 90℃。后期宜补用火焰烘炉。

7　当炉墙特别潮湿时，应适当减慢温升速度，延长烘炉时间。

8　烘炉时，应经常检查砌体的膨胀情况，当出现裂纹或变形迹象时，应减慢温升速度，并应查明原因采取相应措施。

9　烘炉过程中，应测定和绘制实际升温曲线图。

4.14.3　烘炉合格标准

1　灰浆试样法：在燃烧室两侧墙中部炉排上方 1.5～2m 处或燃烧器上方 1.5～2m 处和过热器（或相当位置）两侧墙的中部，取黏土砖、红砖的丁字交叉缝处的灰浆样品各 50g，测其含水率均应小于 2.5%。

2　测温法：在燃烧室两侧墙的中部、炉排上方 1.5～2m 处，或燃烧器上方 1.5～2m 处测定红砖墙外表面向内 100mm 处的温度应达到 50℃；并继续维持 48h，或过热器（或相当位置）两侧墙黏土砖与绝热层接合处的温度达到 100℃；并继续维持 48h。

4.14.4　煮炉操作

1　在烘炉末期，当炉墙红砖灰浆含水率降到 10% 时，或测温处温度达到 50℃（或 100℃）时，即可进行煮炉。

2　煮炉开始时的加药量应符合锅炉设备技术文件的规定，当无规定时，应按表 13-1 配方加药。

煮炉时的加药配方　　　　　　　　　表 13-1

药品名称	加药量（kg/m³ 水）	
	铁锈较薄	铁锈较厚
氢氧化钠（NaOH）	2～3	3～4
磷酸三钠（$Na_3PO_4 \cdot 12H_2O$）	2～3	2～3

注：药品按 100% 纯度计算。

3　药品应溶解成溶液后方可加入锅内，加药时，炉水应在低水位，配制和加入药液时，应采取安全措施，煮炉时，药液不得进入过热器。

4　煮炉时间宜为 2～3d，煮炉的最后 24h 宜使压力保持在额定工作压力的 75% 左右，当在较低的压力下煮炉时，应适当地延长煮炉时间。

5　煮炉期间，应定期从锅筒和水冷壁下集箱取出水样进行水质分析，当炉水碱度低于 45mmol/L 时，应补充加药。

6 煮炉结束后，应交替进行持续上水和排污，直到水质达到运行标准；然后应停炉排水，冲洗锅炉内部和曾与药液接触过的阀门，并应清除锅筒、集箱内的沉积物，检查排污阀，无堵塞现象。

4.14.5 煮炉合格标准

1 锅筒和集箱内部无锈蚀痕迹，油垢及附着焊渣。

2 锅筒和集箱内壁用白布轻擦能露出金属光泽。

4.15 严密性试验、安全阀调整、试运行

4.15.1 严密性试验

1 有过热器的蒸汽锅炉，应采用蒸汽吹洗过热器。吹洗时，锅炉压力宜保持在额定工作压力的 75%，吹洗时间不应小于 15min。

2 燃油、燃气锅炉的点火程序控制、炉膛熄火报警和保护装置应灵敏。

3 煮炉合格后，清除炉内的沉积物后，对锅炉进行工作压力试验，然后按锅炉升压程序升压，当升压到 $0.3\sim0.4MPa$ 时，对锅炉范围内法兰、人孔、手孔等螺栓进行一次热紧，热紧之后，继续升压到工作压力，检查其严密性。

4 各人孔、手孔、阀门、法兰和垫料等处的严密性应良好，锅筒、集箱、管路和支架等的膨胀状态良好。

4.15.2 安全阀调整

1 严密性试验合格后，开始调整安全阀。

2 安全阀的整定压力应符合规范要求。

3 在整定压力下，安全阀应无泄漏和冲击现象。

4 锅炉上必须有一个安全阀按较低的起座压力进行整定。

5 安全阀经调整合格后，应立即加锁或铅封。

4.16 试运行

4.16.1 试运前应具备下列条件：

1 锅炉的辅助机械和附属系统以及燃料、给水、除灰、除渣、软化水、用电系统等分部试运合格，能满足锅炉满负荷的需要。

2 各项检查与试验工作均已完毕，各项保护能投入。

3 锅炉机组整套试运需用的热工、电气仪表与控制装置已按设计安装并调整完毕，指示正确，动作良好。

4　生产单位已做好生产准备工作，能满足试运工作要求。

5　支吊架进行检查调整，并办理签证。

6　分部试运阶段发现的缺陷项目已处理完毕。

4.16.2　安全阀经最终调整后，现场组装的锅炉应带负荷正常连续试运行48h；整体出厂的锅炉应带负荷连续试运行4~24h，并作好试运行记录。

4.16.3　在整套试运期间，所有辅助设备应投入运行；锅炉本体、辅助机械和附属系统均应工作正常，其膨胀、严密性、轴承温度及振动等均应符合技术要求；锅炉蒸汽参数、燃烧工况等均应达到设计要求。

5　质量标准

5.1　主控项目

5.1.1　基础混凝土强度、坐标、标高、预埋件、预留孔等必须符合设计要求。

5.1.2　钢架的允许偏差见表 13-2。

钢架的允许偏差　　　　　　　　　　表 13-2

项目		允许偏差（mm）
柱子的长度（m）	≤8	0 -4
	>8	+2 -6
梁的长度（m）	≤1	0 -4
	>1~3	0 -6
	>3~5	0 -8
	>5	0 -10
柱子、梁的直线度		长度的 1/1000，且不大于 10

5.1.3　锅筒、集箱的质量标准

1　表面和焊接短管应无机械损伤，各焊缝应无裂纹、气孔和分层。

2　锅筒、集箱安装的热膨胀间隙值，必须符合设备技术文件的要求。

3 锅筒内部装置应安装牢固。

5.1.4 受热面管的质量标准

1 胀管率的控制：当采用内径控制时，胀管率应控制在 1.3％～2.1％范围内，超胀的最大胀管率不得超过 2.6％。当采用外径控制时，胀管率应控制在 1.0％～1.8％范围内，超胀的最大胀管率不得超过 2.5％。并在同一锅筒上的超胀管口数量不得多于胀接总数的 4％，且不得超过 15 个。

2 胀口无裂纹、偏斜、皱纹、起皮现象。

3 焊口应无裂纹、未熔合、夹渣、气孔等缺陷。

5.1.5 省煤器、空气预热器的质量标准

省煤器管的通球、水压试验应符合要求。

5.1.6 燃烧设备的质量标准

1 边部炉条与墙板之间，应有膨胀间隙。

2 在炉排的热胀方向上应留足膨胀间隙，保证热胀不受阻。

3 链条炉排的允许偏差见表 13-3。

链条炉排的允许偏差　　　　　表 13-3

项目		允许偏差（mm）
型钢构件的长度	≤5m	±2
	>5m	±4
同一轴上相邻两链轮齿尖前后错位		2
各链轮中分面与轴线中点间的距离		±2
同一轴上任意两链轮齿尖前后错位	横梁式	2
	鳞片式	4

5.1.7 水压试验的质量标准

1 胀口处无漏水现象。

2 焊口处无泄漏。

3 分汽缸安装前应进行水压试验。

5.1.8 安全阀的整定应符合规范的要求。

5.2 一般项目

5.2.1 基础的允许偏差见表 13-4。

基础的允许偏差　　　　　　　　　　　　　　表 13-4

项目		允许偏差（mm）
纵、横轴线的坐标位置		20
不同平面的标高		0
		−20
柱子基础面上的预埋钢板和锅炉各部件基础平面的水平度	每米	5
	全长	10
平面外形尺寸		±20
凸台上平面外形尺寸		−20
凹穴尺寸		+20
		0
预留地脚螺栓孔	中心位置	±10
	深度	+20
		0
	每米孔壁垂直度	10
预埋地脚螺栓	顶端标高	+20
		0
	中心距	±2

1　纵、横向中心线应互相垂直。

2　相应两柱子定位中心线的间距允许偏差为±2mm。

3　各组对称四根柱子定位中心点的两对角线长度之差不应大于5mm。

5.2.2　钢架安装的允许偏差见表 13-5。

钢架安装的允许偏差　　　　　　　　　　　　表 13-5

项目		允许偏差（mm）
各柱子的位置		±5
任意两柱子间的距离		间距的 1/1000，且不大于 10
柱子上的 1m 标高线与标高基准点的高度差		±2
各柱子相互间标高之差		3
柱子的垂直度		高度的 1/1000，且不大于 10
各柱子相应两对角线的长度之差		长度的 1.5/1000，且不大于 15
两柱子间在垂直面内两对角线的长度差		长度的 1/1000，且不大于 10
支承锅筒的梁的标高		0
		−5
支承锅筒的梁的水平度		长度的 1/1000，且不大于 3
其他梁的标高		±5
框架两对角线长度	框架边长≤2500	≤5
	框架边长>2500～5000	≤8
	框架边长>5000	≤10

5.2.3 锅筒、集箱安装的允许偏差见表 13-6。

锅筒、集箱安装的允许偏差　　　　　　　　　表 13-6

项目	允许偏差（mm）
主锅筒的标高	±5
锅筒纵、横向中心线与安装基准线的水平方向距离	±5
锅筒、集箱全长的纵向水平度	2
锅筒全长的横向水平度	1
上、下锅筒之间水平方向距离和垂直方向距离	±3
上锅筒与上集箱的轴心线距离	±3
上锅筒与过热器集箱的距离，过热器集箱间距离	±3
上、下集箱之间的距离、集箱与相邻立柱中心距离	±3
上、下锅筒横向中心线相对偏移	2
锅筒横向中心线和过热器集箱横向中心线相对偏移	3

5.2.4 受热面管的质量标准

1 管端伸出长度在 7～12mm 内，管口应扳边，扳边起点宜与锅筒表面平齐，扳边角度宜为 12°～15°。

2 胀口扩大部分应均匀平滑。

3 焊接对口应平齐，其错口不应大于壁厚的 10%，且不应大于 1mm。

5.2.5 省煤器、空气预热器的质量标准

1 省煤器支承架安装的允许偏差见表 13-7。

省煤器支承架安装的允许偏差　　　　　　　　　表 13-7

项目	允许偏差（mm）
支承架的水平方向位置	±3
支承架的标高	0 −5
支承架的纵、横向水平度	长度的 1/1000

2 钢管式空气预热器安装的允许偏差见表 13-8。

钢管式空气预热器安装的允许偏差　　　　　　　　　表 13-8

项目	允许偏差（mm）
支承框的水平方向位置	±3
支承框的标高	0 −5
预热器的垂直度	高度的 1/1000
预热器与连通罩冷热风管的连接	严密

5.2.6　燃烧设备的质量标准

1　链条炉排的安装允许偏差见表 13-9。

链条炉排的安装允许偏差　　　　表 13-9

项目		允许偏差（mm）
炉排中心位置		2
左右支架墙板对应点高度差		3
墙板的垂直度、全高		3
墙板间的距离（m）	≤5m	3
	>5m	5
墙板间两对角线的长度之差（m）	≤5m	4
	>5m	8
墙板框的纵向位置		5
墙板顶面的纵向水平度		长度的 1/1000，且不大于 5
两墙板的顶面的相对高度差		5
前轴、后轴的水平度		长度的 1/1000
各轨道的平面度		5
相邻两轨道间的距离		±2

2　往复炉排安装的允许偏差见表 13-10。

往复炉排安装的允许偏差　　　　表 13-10

项目		允许偏差（mm）
两侧板的相对标高		3
两侧板间的距离	跨距≤2m	+3 0
	跨距>2m	+4 0
两侧板的垂直度、全高		3
两侧板间两对角线的长度之差		5

5.2.7　水压试验的质量标准

水压试验在检查期间压力应保持不变。

6　成品保护

6.0.1　基础放出安装尺寸线后，应用色漆标记出主要轴线和标高线，供安装过程中使用。

6.0.2 机件及加工面清洗后，均应擦拭洁净，妥善保管，对暂不装配的机件，应涂上一层润滑油脂，以防生锈。

6.0.3 预埋地脚螺栓在设备安装前，应保护好。

6.0.4 锅筒安装好之后，应固定牢靠，防止碰撞，发生位移，在胀管时，应随时检查锅筒的安装情况。

6.0.5 烘炉后，严禁将大量水洒到炉顶及炉墙上。

6.0.6 煮炉结束后，清除杂物后，应立即将锅炉封闭好，防止再次生锈及将杂物落入锅炉内。

6.0.7 冬期施工时要有防冻措施，防止设备及管道冻坏。

7 注意事项

7.1 应注意的质量

7.1.1 开箱前了解箱内大致情况，采取正确的开箱步骤，防止损伤设备及设备附加支撑。

7.1.2 拆箱后，如不立即安装，应将重要精密件妥善保管。

7.1.3 钢架安装过程中，不得随意割切孔洞。

7.1.4 在吊装锅筒时，不得损伤管孔和短管头。

7.1.5 开始胀接时，应对锅筒随时进行检查，看它的位置是否发生了变化。

7.1.6 胀接时，应认真对待，防止出现胀接缺陷。

7.1.7 胀接时，应勤换勤洗胀管器和胀珠，认真检查胀管器损坏情况。

7.1.8 省煤器蛇形管及胀接对流管，弯曲角度及尺寸有几种，在组合时应分清防止装错。

7.1.9 空气预热器内部要清理洁净，不得堵塞，运输、吊装过程中防止挤压外壳。

7.1.10 蒸汽锅炉安全阀应铅垂安装，其排气管管径应与安全阀排出口径一致，其管路应畅通，并直通至安全地点，排汽管底部应装有疏水管。省煤器的安全阀应装排水管。在排水管、排汽管和疏水管上，不得装设阀门。

7.1.11 隐蔽工程应由监理及有关单位进行见证验收，完成后要有验收记录和签证。

7.1.12 锅炉安装前和安装过程中，当发现受压部件存在影响安全使用的质量问题时，必须停止安装，并报告建设单位。

7.2 应注意的安全问题

7.2.1 拆箱时应防止壁板倒落碰伤设备，设备附加支撑不得在拆箱时除去，以免倒塌。

7.2.2 设备吊装使用的起重机具和索具，应符合技术文件要求，不准超载使用，使用前应先检查、试吊，确认安全后再吊装。

7.2.3 吊装索具不准捆绑在设备加工面及附件上，与非加工面接触处，应垫塞防磨柔性材料。

7.2.4 在室外如遇大风时，应禁止一切吊装作业。

7.2.5 清洗场地应有禁火标记，严禁烟火，并应清除易燃物品。

7.2.6 使用酸、碱洗液时，操作人员应有个人防护用品，操作场地通风良好。

7.2.7 找正调整钢架时，高空操作应有牢靠的平台，并带安全带，钢架应固定牢靠。

7.2.8 锅筒在调整找正时，应有可靠的操作平台。

7.2.9 锅筒内部装置安装时，要有防止个人物品和工具、零件掉入管内。

7.2.10 锅筒内作业时，照明灯具和电动机具应用橡皮软电缆线，照明电压不超过 12V，且锅筒内通风良好。

7.2.11 省煤器管在组合时，应注意管口的临时封闭，尤其是朝上的管口更应注意。

7.2.12 安装炉排时，如果上、下同时作业时，应作可靠的安全防护，防止高空坠物伤人。

7.2.13 烘炉时，温升不可过急，注意监视锅炉膨胀情况，炉排要定期转动。

7.2.14 煮炉时，配制和加入药液时，要有可靠防护设施。

7.2.15 热态下紧固螺栓时，要缓慢均匀，应避开可能喷汽方位。

7.2.16 强制性条款一定要按要求严格执行。

7.2.17 操作人员进行高空作业时，应严格遵守国家的有关安全技术规章制度。

7.3 应注意的绿色施工问题

7.3.1 必须采取相应措施以使施工噪声符合《建筑施工场界环境噪声排放标准》。

7.3.2 临时用电线路应布置合理、安全，宜选用节能灯；试验用水宜回收利用。

7.3.3 配备相应的洒水设备，及时洒水，减少扬尘污染。

7.3.4 施工期间产生的废钢材、木材，塑料等固体废料应予回收利用。

7.3.5 对施工期间的固体废弃物应分类定点堆放，分类处理。

7.3.6 现场清洗废油要回收处理，现场存放油料应防止油料泄漏。

7.3.7 在安装施工中，使用有毒有害物质时，如稀料、各种胶等，设置专门地点储存，要有密封防泄漏措施。尽量减少挥发，严禁遗洒。

7.3.8 应避免设备安装过程中放射源的射线伤害，减少电弧光污染。

8 质量记录

8.1 现场组装的工业锅炉安装的质量记录

8.1.1 开工报告。

8.1.2 锅炉技术文件清查记录。

8.1.3 设备缺损件清单及修复记录。

8.1.4 基础检查验收记录。

8.1.5 钢架安装记录。

8.1.6 钢架柱腿底板下的垫铁及灌浆层质量检查记录。

8.1.7 锅炉本体受热面管子通球试验记录。

8.1.8 阀门水压试验记录。

8.1.9 锅筒、集箱、省煤器及空气预热器安装记录。

8.1.10 管端退火、胀接记录。

8.1.11 胀接管孔及管端的实测记录。

8.1.12 锅筒胀管记录。

8.1.13 受热面管子焊接质量检查记录和检验报告。

8.1.14 水压试验记录及签证。

8.1.15 锅筒封闭检查记录。

8.1.16 炉排安装及冷态试运行记录。

8.1.17 烘炉、煮炉和严密性试验记录。

8.1.18 安全阀调整试验记录。

8.1.19 隐蔽工程验收记录。

8.1.20 带负荷连续 48h 试运行记录及签证。

8.2　整体安装的工业锅炉的质量记录

8.2.1 开工报告

8.2.2 锅炉技术文件清查记录。

8.2.3 设备缺损件清单及修复记录。

8.2.4 基础检查验收记录。

8.2.5 锅炉本体安装记录。

8.2.6 风机、除尘器、烟囱安装记录。

8.2.7 给水泵、蒸汽泵或注水器安装记录。

8.2.8 阀门水压试验记录。

8.2.9 炉排冷态试运行记录。

8.2.10 水压试验记录及签证。

8.2.11 水位表、压力表和安全阀安装记录。

8.2.12 隐蔽工程验收记录。

8.2.13 烘炉、煮炉记录。

8.2.14 带负荷连续 48h 试运行记录。

第 14 章　管道及设备防腐

本工艺标准适用于室内外管道、设备和容器的防腐工程。

1　引用文件

《工业设备及管道防腐蚀工程施工规范》GB 50276—2011

《工业设备及管道防腐蚀工程施工质量验收规范》GB 50727—2011

2　术语（略）

3　施工准备

3.1　材料及机具

3.1.1　防锈漆、面漆、沥青漆等应有产品质量证明书。

3.1.2　稀释剂：汽油、煤油、醇酸稀料、松香水、酒精等应有出厂合格证。

3.1.3　其他材料：石棉、石灰石粉（或滑石粉）、玻璃丝布、矿棉纸、油毡、牛皮纸、塑料布等应符合设计要求。

3.1.4　机具：自动喷砂除锈机、空压机、金刚石砂轮机、气泵喷枪、刮刀、锉刀、钢丝刷、砂布、砂纸、刷子、沥青锅、酸槽、量桶、量杯、台称、温度计等。

3.2　作业条件

3.2.1　有码放管材、设备、容器及进行防腐操作的场地。

3.2.2　施工环境在 5℃以上且通风良好、无烟、灰尘及水汽等；施工环境在 5℃以下施工时，要采取冬施措施。

3.2.3　施工人员必须熟悉所使用的工具、机具的性能、用途、技术条件、结构原理、安全事项等，并能正确使用。掌握施工方法和程序。

3.2.4　安全防护设施齐全、可靠。

4　操作工艺

4.1　工艺流程

管道、设备及容器清理、除锈 → 防腐、刷油

4.2　管道、设备及容器清理、除锈

4.2.1　人工除锈

用刮刀、锉刀将管道、设备及容器表面的氧化皮、焊渣铸砂等除掉，再用钢丝刷将管道、设备及容器表面的浮锈除去，然后用砂纸磨光，用棉丝擦净。

4.2.2　机械除锈

1　干法喷砂除锈：用压缩空气将干砂从喷砂罐带出，由喷嘴喷出吹打金属表面除锈。上砂方式有皮带机上砂，吊斗机上砂、压缩空气带砂以及真空上砂等。

2　湿法喷砂除锈：把砂子与 0.4%～0.6% 的缓蚀剂（如亚硝酸钠）水溶液分别装于两个罐内，由压缩空气至喷嘴混合，喷打金属表面除锈。也可以先将亚硝酸钠水溶液与砂在贮罐内加以混合，然后再像干法喷砂一样进行操作。

3　电（风）动工具除锈：采用旋转除锈机或其他工具达到除锈目的。

4.2.3　化学法除锈：用酸洗的方法清除金属表面的锈层、氧化皮，然后用大量清水冲洗干净，再用 20% 的石灰乳或 5% 的碳酸钠溶液进行中和，最后用清水冲洗 2～3 次，干布擦净，待干燥后即可涂漆。

1　硫酸酸洗法：采用浓度为 10%～20%、温度为 18～60℃ 的稀硫酸溶液、浸泡被涂物件 15～60min。为了在酸洗时不损伤金属，在酸溶液中加入缓蚀剂（如马洛托品等），加入量为 0.1%～1%，硫酸液中铁质浓度应不超过 1.25mol/L。适用于表面处理要求不高，形状复杂的零部件表面除锈，施工方便。但残酸腐蚀力较强，易引起腐蚀和破坏涂层。

2　盐酸酸洗法：采用浓度 10%～15% 的稀盐酸在室温下浸泡被涂物件 15～60min。缓蚀剂加入量为 0.1%～1%，酸洗液中铁质浓度应不超过 1.07mol/L。适用性同硫酸酸洗法。但遗留氯根会引起剧烈腐蚀，尤其对奥氏体不锈钢。

3　混酸酸洗法：一种方法是 5%～10% 的硫酸和 10%～15% 的盐酸混合使用；另一种方法是 5% 的硝酸加上 1% 的氢氟酸。后一种方法对不锈钢的作用较其他无机酸易于控制。常用于不锈钢的酸洗，但有毒。

4 磷酸酸洗法：采用浓度 10％～20％ 的稀磷酸溶液在 60～65℃ 下浸泡被涂物件 5～40min。酸洗液中铁质浓度不应超过 0.54mol/L。适用于形状复杂的零部件表面除锈，施工方便。

4.3 管道、设备及容器防腐刷油

4.3.1 管道、设备及容器防腐刷油一般按设计要求进行，当设计无要求时，应按下列规定进行：

1 明装管道、设备及容器必须先刷一道防锈漆，待交工前再刷两道面漆。如有保温和防结露要求应刷两道防锈漆。

2 暗装管道、设备及容器刷两道防锈漆，第二道防锈漆必须待第一道干透后再刷，且防锈漆稠度要适宜。

3 埋地管道做防腐层时，其外壁防腐层的做法可按表 14-1 的规定进行。当冬期施工时宜用橡胶溶剂油或航空汽油溶化 30 甲或 30 乙石油沥青，其重量比为沥青：汽油＝1：2。

管道防腐层种类

表 14-1

序号	防腐层层次（从金属表面起）	正常防腐层	加强防腐层	特加强防腐层
1	1	冷底子油	冷底子油	冷底子油
2	2	沥青涂层	沥青涂层	沥青涂层
3	3	外包保护层	加强包扎层	加强包扎层
4	4		沥青涂层	沥青涂层
5	5		外包保护层	加强包扎层
6	6			沥青涂层
7	7			外包保护层
8	防腐层厚度不小于（mm）	3	6	9
9	厚度允许偏差（mm）	－0.3	－0.5	－0.5

注 1. 用玻璃丝布做加强防腐层，须涂一道冷底子油封闭层；
　　2. 未连接的接口或施工中断处，应作成每层收缩为 80～100mm 的阶梯式接茬；
　　3. 涂刷防腐冷底子油应均匀一致，厚度一般为 0.1～0.15mm；
　　4. 冷底子油的重量配比：沥青：汽油＝1：2.25。

4.3.2 手工涂刷：涂刷前应将涂料搅拌均匀，如发现涂料有结皮或杂质应用细铜丝网过滤。涂刷时应分层涂刷，每层应往复进行，纵横交错，并保持涂层均匀，不得漏涂或流坠。

4.3.3 机械喷涂：喷涂时喷射的漆流应和喷漆面垂直，喷漆面为平面时，

喷嘴与喷漆面应相距 250～300mm，喷漆面如为圆弧面，喷嘴的移动应均匀，速度宜保持在 14～18m/min，喷漆使用的压缩空气为 0.2～0.4MPa。压缩空气喷涂是在压缩空气作用下，涂料从喷枪喷嘴中喷出被空气雾化成微粒，沉积在被涂件的表面，形成漆膜。喷漆时要加入适量的稀释剂，使漆能顺利地喷出为准，但不能过稀。根据设计要求确定喷涂次数，使涂层厚度达到要求。

4.3.4 浸涂法：是将工件浸没在漆液中，然后取出静置，使其表面粘附漆膜成形。

4.3.5 埋地管道的防腐

埋地管道的防腐层主要由冷底子油、石油沥青玛瑞脂、防水卷材及牛皮纸等组成。

1 冷底子油的配比：沥青∶汽油＝1∶2.5（重量比），调制冷底子油的沥青，是牌号为 30# 甲建筑石油沥青，熬制前，将沥青打成 1.5kg 以下的小块，放入干净的沥青锅中，逐步升温，搅拌，并使温度保持在 180～200℃ 范围内，在此温度下熬制 2h 左右，直到不产生气泡为止。按配合比将冷却至 100℃ 左右的脱水沥青缓缓倒入计量好的无铅汽油中，并不断搅拌至完全均匀混合为止。

2 沥青玛瑞脂的配合比：沥青∶高岭土＝3∶1。沥青采用 30# 甲建筑石油沥青或 30# 甲与 10# 建筑石油沥青的混合物。将温度在 180～200℃ 的脱水沥青逐渐加入干燥并预热到 130℃ 左右的高岭土中，不断搅拌，使其混合均匀。然后测定沥青玛瑞脂的软化点、延伸度、针入度等三项技术指标。涂抹沥青玛瑞脂时其温度应保持在 160～180℃（施工气温高于 30℃ 时，温度可降低到 150℃）热沥青玛瑞脂应涂在干燥清洁的冷底子油层上，涂层要均匀。最内层沥青玛瑞脂如用人工或半机械化涂抹时，应分成二层，每层各厚 1.5～2mm。

3 防水卷材一般采用矿棉纸油毡或浸有冷底子油的玻璃丝布，呈螺旋形缠包在热沥青玛瑞脂层上，每圈之间允许有不大于 5mm 的缝隙或搭边，前后两卷材的搭按长度为 80～100mm，并用热沥青玛瑞脂将接头粘合。

4 缠包牛皮纸时，每圈之间应有 15～20mm 搭边前后两卷的搭接长度不得小于 100mm，接头用热沥青玛瑞脂或冷底子油粘合，牛皮纸也可用聚氯乙烯塑料布或没有冷底子油的玻璃丝布带代替。

5 制作特强防腐层时，两道防水卷材的缠绕方向宜相反。

6 已做了防腐层的管子在吊运时，应采用软吊带或不损坏防腐层的绳索，以免损坏防腐层。管子下沟前，要清理管沟，使沟底平整，无石块、砖瓦或其他杂物。管子下沟后，不许用撬杠移管，更不得直接推管下沟。

7 防腐层上的缺陷、不合格处及下沟时弄坏的部位都应在管沟回填土前修补好。回填时，宜先用人工回填一层细土，埋过管顶，然后再用人工或机械回填。

5 质量标准

5.1 主控项目

油漆及防腐材料必须符合设计文件要求，有生产厂家的产品质量证明书（或出厂合格证）。

5.2 一般项目

5.2.1 管道、金属支架涂漆应符合以下规定：

油漆种类和涂刷遍数符合设计要求，附着良好，无脱皮、起泡和漏涂，漆膜厚度、色泽一致，无流坠及污染现象。

检验方法：观察检查。

5.2.2 埋地管道的防腐应符合以下规定：

防腐层的厚度、结构必须达到设计要求和施工规范的规定，各卷材之间应粘结牢固、表面平整、无折皱、滑溜、封口严密、厚度均匀，无空白、空鼓、凝块、滴落等缺陷。

检验方法：观察或切开防腐层检查。

6 成品保护

6.0.1 已做好防腐层的管道及设备之间要隔开，不得粘连，以免破坏防腐层。

6.0.2 处理合格的金属表面在运输和保管期间应保持洁净。如因保管不当或运输中发生再度污染或锈蚀时，其金属表面应重新处理，直至符合质量要求时为止。

6.0.3 刷油防腐前先清理好周围环境，防止尘土飞扬，保持清洁，严禁在风、雨、雾、雪中露天作业。气温低于＋5℃时应按冬期施工采取措施。

6.0.4 涂漆的管道、设备、容器，漆层在干燥过程中应防止冻结、撞击、震动和温度剧烈变化。

6.0.5 在已防腐完毕的管道、设备上重新开孔或焊接时，要采取措施，防止周围的漆层产生大的破坏，开孔或焊接完毕的部位必须依照施工程序重新处理防腐。

7　注意事项

7.1　应注意的质量问题

7.1.1 管材表面应按要求除锈干净，防止脱皮、返锈。

7.1.2 刷油时，应注意油漆厚度均匀，防止流坠或漏涂现象。

7.1.3 各类涂料和稀释剂大都属易燃易爆物品必须贮存在干燥、阴凉、通风、隔热的库房内，库房应远离施工现场，并有专人管理。

7.2　应注意的安全问题

7.2.1 施工现场和材料库要备有消防器材，并经常检查，防止失效。道路要畅通。在醒目处贴挂"严禁烟火"、"安全生产"等安全标记。

7.2.2 涂刷过程中，现场周围 20m 以内不得动用明火；施工及涂膜干燥过程中严禁明火。不得在易燃易爆环境中熬制沥青。

7.2.3 在通风不良的场所或设备内施工时，要采取措施使空气畅通，并有监护人。施工人员要站在上风操作。

7.2.4 非机电人员严禁操作机械及电气设备。

7.3　应注意的绿色施工问题

油漆、涂料等严禁随意丢弃。

8　质量记录

8.0.1 材料产品质量证明书。

8.0.2 管道及设备防腐工程施工记录。

8.0.3 管道及设备隐蔽工程记录。

8.0.4 工程竣工验收记录。

第15章　管道及设备保温

本工艺标准适用于采暖、生活用热水、蒸汽管道及设备的保温和给排水管道的防结露保温工程。

1　引用文件

《工业设备及管道绝热工程施工规范》GB 50126—2008
《工业设备及管道绝热工程施工质量验收规范》GB 50185—2010

2　术语（略）

3　施工准备

3.1　材料及机具

3.1.1　保温材料：保温材料的性能、规格应符合设计要求，并有产品质量证明书或产品合格证书。主要有矿渣棉、玻璃纤维、石棉、岩棉制品、硅酸铝纤维、微孔硅酸钙制品、膨胀蛭石、膨胀珍珠岩制品、焙烧硅藻土、轻质焙烧黏土制品、泡沫混凝土、泡沫玻璃制品，聚氨酯泡沫塑料、聚苯乙烯泡沫塑料、聚氯乙烯泡沫塑料，轻质聚乙烯泡沫塑料、聚氨基甲酸泡沫塑料、脲甲醛泡沫塑料、软木制品等。

3.1.2　保护层材料：主要有麻刀、石棉灰、水泥、玻璃丝布、塑料布、油毡纸、铝箔纸、镀锌铁皮、铝皮、铁皮、铁丝网、麻袋布、玻璃钢、粘接胶泥等。

3.1.3　固定构件材料：指钩钉、托盘、保温盒等。

3.1.4　其他材料：主要有镀锌铁丝，自攻螺丝铆钉、电焊条、密封胶带、密封剂，水玻璃、冷胶结料等。

3.2　机具

3.2.1　机具：搅拌机、卷扬机、卷板机、切板机、压边机，台钻、手电钻、砂轮机、电焊机等。

3.2.2 工具：钢剪、布剪、手锤、剁子、弯钩、木锯、钢锯、小平车、铁锹、灰桶、平抹子、圆弧抹子、钢卷尺、钢针、画规、角尺、瓦刀、靠尺等。

3.3 作业条件

3.3.1 保温（冷）施工应在防腐及水压试验合格后进行。对于可以先进行保温（冷）施工的管道，应将焊缝和连接处留出，待水压试验合格后再进行施工。

3.3.2 所有主要材料必须具有制造厂的产品质量证明书。其种类、规格、性能均应符合设计要求。

3.3.3 施工必须按设计文件的规定进行。在采用新材料、新工艺时，必须征得设计部门的同意。

3.3.4 施工所需设计文件齐全，要求明确。图纸会审、技术交底、安全教育和必要的技术培训已完成。

3.3.5 施工前必须先清除设备管道表面污物，施工时应保护设备、管道外表面的清洁干燥。

3.3.6 安全防护设施完善可靠。

3.3.7 检验仪器齐全。

4 操作工艺

4.1 工艺流程

4.1.1 预制瓦块保温

散瓦 → 和灰 → 合瓦 → 铁丝绑扎 → 填缝 → 做保护层

4.1.2 管壳制品保温

散管壳 → 合管壳 → 铁丝绑扎（或粘接）→ 缠裹保护层

4.1.3 缠裹保温

4.1.4 设备及箱罐钢丝网石棉灰保温

焊钩钉 → 刷油 → 绑扎钢丝网 → 抹石棉灰 → 抹保护层

4.2 施工注意事项

4.2.1 各种预制瓦块运至施工地点，在沿管线散瓦时，必须确保瓦块的规格尺寸与管道的管径相配套。

4.2.2 安装保温瓦时应将瓦块内侧抹 5～10mm 的石棉灰泥，作为填充料。瓦块的纵缝搭接应错开，横缝应朝上、下。

4.2.3 预制瓦块根据直径大小选用 18#～20# 镀锌铁丝进行绑扎、固定，绑扎接头不宜过长，并将接头插入瓦块内。

4.2.4 预制瓦块绑扎完后，应用石棉灰泥将缝隙处填充，勾缝抹平。

4.2.5 外抹石棉水泥保护壳（其配比为石棉灰∶水泥＝3∶7）按设计规定厚度抹平压光，设计无规定时，其厚度为 10～15mm。

4.2.6 立管保温时，其层高 $h \leqslant 5m$ 时，每层应设一个支撑托盘；层高 $h >$ 5m 时，每层应不小于 2 个，支撑托盘应焊在管壁上，其位置应在立管卡子上部 200mm 处，托盘直径不大于保温层厚度。

4.2.7 管道附件的保温除寒冷地区室外架空管道及室内防结露保温的法兰、阀门等附件按设计要求保温外，一般法兰、阀门、套管伸缩器等不应保温，应在其两侧留 70～80mm 的间隙，在保温端部抹 60°～70° 的斜坡。设备容器上的人孔、手孔及可拆卸部件的保温层端部应做成 45° 斜坡。如需保温应做成可拆式保温结构。

4.2.8 保温管道的支架处应留膨胀伸缩缝，并用石棉绳或玻璃棉填塞。

4.2.9 用预制瓦块做管道保温层，在直线管段上每隔 5～7m 应留一条间隙为 5mm 的膨胀缝，在弯管处管径小于或等于 300mm 应留一条间隙为 20～30mm 膨胀缝，膨胀缝用石棉绳或玻璃棉填塞。

4.2.10 用管壳制品作保温层，其操作方法一般由两人配合，一人将管壳缝剖开对包在管上，两手用力挤住，另外一人绑扎铁丝或涂粘剂，缠裹保护层时用力要均匀，压茬要平整，粗细要一致，若采用不封边的玻璃丝布作保护壳时，要将毛边折叠，不得外露。

4.2.11 块状保温材料采用缠裹式保温（如聚乙烯泡沫塑料），按照管径留出搭茬余量，将料裁好，为确保其平整美观，一般应将搭茬留在管子内侧，其他要求同第 2.11。

4.2.12 管道保温用铁皮做保护层，其纵缝搭口应朝下，铁皮的搭接长度，环形为 30mm。

4.2.13 设备及箱罐保温一般表面比较大，目前采用较多的有砌筑泡沫混凝土块，或珍珠岩块和包扎岩棉、核算棉板块、外抹麻刀、白灰、水泥保护层或铁皮保护层。采用铅丝网石棉灰保温作法，是在设备的表面外部焊一些钩钉固定保温层，钩钉的间距一般为 200～250mm，钩钉直径一般为 6～10mm，钩钉高度与保温层厚度相同，将裁好的钢丝网用钢丝与钩钉固定，再往上抹石棉灰泥，第一次抹得不宜太厚，防止粘接不住下垂脱落，待第一遍有一定强度后，再继续分层抹，直至达到设计要求的厚度，待保温层完成，并有一定的强度，再抹保护壳，要求抹光压平。

4.2.14　保冷设备、管道或地沟内的热保温管道应有防潮层。防潮层的施工应在干燥的绝热层之外。与保冷管道、设备连接的支管及金属件亦应有保冷层。该段保冷层的延伸长度应不小于该保冷层厚度的 4 倍或至垫木处、并予以封闭。

防潮层应紧密粘贴在绝热层上，封闭完好。不得有虚粘、气孔、折皱、裂缝等缺陷。防潮层应由底端向高端敷设。环向搭接口应朝向低端，纵向搭缝应在正侧。

用卷材作防潮层，可以用螺旋形缠绕的方式牢固粘贴在绝热层上，搭接宽度宜为 30～50mm，如用包卷的方式包扎时，搭接宽度宜为 50～60mm。

4.2.15　聚氨酯绝热保温一般在加工场地进行，施工现场只对焊口部位进行保温。保温时施工程序和材料的使用一定要按设计要求进行。

5　质量标准

5.1　主控项目

5.1.1　保温材料的强度、容重、导热系数、含水率、规格必须符合设计要求。

检验方法：核查生产厂家产品质量证明书。抽查、化验主要材料的成分及性能。

5.1.2　施工程序、技术要求必须达到设计要求和规范的规定。

5.2　一般项目

5.2.1　保温层表面平整、搭茬合理、拼缝均匀、封口严密，无空鼓及松动现象。

检验方法：观察、检查。

5.2.2　防潮层紧密牢固地粘贴在绝热保温层上，搭接口朝向低端；搭接均匀整齐，搭接宽度符合施工规范规定；接口封闭良好，无裂缝。

检验方法：观察、检查。

5.2.3 涂抹料保护层：配料准确、表面应光滑平整、无明显裂纹。

检验方法：观察、检查。

5.2.4 金属板保护层：接口应平整、固定牢靠，搭接与水流方向一致，宽度均匀，外形平整美观。

检验方法：观察、检查。

5.2.5 玻璃布、塑料布、油毡保护层：松紧适度、搭接均匀一致、捆扎应结实，封口严密、外形整齐美观。

检验方法：观察、检查。

5.2.6 保温层允许偏差见表 15-1。

保温层允许偏差 表 15-1

序号	项目		允许偏差（mm）	检验方法
1	表面平整度	卷板和板材	5	用1m直尺和楔形塞尺检查
		管壳及涂抹	5	
		散材或软质材料	10	
2	厚度	成型预制块	$+5\% \cdot \delta$	用钢针刺入绝热层和尺量检查
		毡席缠绕品	$+5\% \cdot \delta$	
		填充品、浇注品	$+10\% \cdot \delta$	
3	伸缩缝宽度		$+5$	尺量检查

6 成品保护

6.0.1 管道及设备的保温，必须在地沟及管井内已进行清理，不再有下道工序损坏保温层的前提下，方可进行保温。

6.0.2 保温材料在安装过程中应防雨、雪；运输和安装过程中应加强保护，防止损坏。

6.0.3 已经施工完毕的保温结构上不允许绑扎架杆、架板或挂吊起重机具等。

6.0.4 不同专业的交叉施工对已经施工完毕的绝热结构要有防护措施。

6.0.5 如有特殊情况需拆下保温层进行管道处理或其他工种在施工中损坏

保温层时，应及时按原来要求进行修复。

6.0.6 施工应有防火、防尘、防污染措施。

6.0.7 在最外保护层彻底干燥后方可进行涂刷油漆等工作。

6.0.8 要防止试车物料对绝热结构的污染和破坏。

7　注意事项

7.1　应注意的质量问题

7.1.1 保温材料使用不当，交底不清、作法不明。

施工操作人员应熟悉图纸，了解设计要求，不允许擅自变更保温作法，严格按设计要求施工。

7.1.2 保温层厚度不按设计要求规定施工。主要是凭经验施工，对保温的要求理解不深。

7.1.3 表面粗糙不美观。主要是操作不认真、思想不重视、配料没有按要求的比例进行。

7.1.4 空鼓、松动不严密。主要原因是保温材料规格、尺寸不合适，缠裹时用力不均匀，搭茬位置不合理。

7.1.5 不注意成品保护，在已完工程上乱搭设板子，乱踩、乱捆绑，造成保护层及保温层的损坏。

7.2　应注意的安全问题

7.2.1 在对施工班组进行技术交底的同时，应根据工程的特点进行安全交底。

7.2.2 进入施工现场必须戴好安全帽，施工时正确使用个人劳动防护用品。2m 以上的高空作业，必须按规定搭设脚手架，并戴好安全带，扣好保险钩。高空作业时，不准往下乱抛材料和工具等物件。

7.2.3 各种电动机械设备，必须有良好的安全接地装置和漏电保护器才能使用。机电设备必须设专人管理。

7.2.4 在易燃、易爆气体环境中施工须动火时要提前办理动火许可证。

7.2.5 在有毒、刺激性或腐蚀性的气体、液体、粉尘场所施工时，应有良好的通风和适当的防尘措施。

7.2.6 在使用矿渣棉、玻璃棉等散料施工时应戴好口罩、眼镜等防护用品。

7.2.7 除执行以上各条规定外，尚须遵照执行国家有关安全技术、劳动保护等规定以及建筑单位有关安全、消防、保卫等条例。

8 质量记录

8.0.1 材料的产品质量证明书。

8.0.2 管道、设备隐蔽检查验收记录。

8.0.3 管道、设备保温施工记录。

8.0.4 工程竣工验收记录。

第16章 自动喷水灭火系统安装

本工艺标准适用于民用、一般工业建筑物、构筑物的自动喷水灭火系统安装工程。

1 引用文件

《自动喷水灭火系统施工及验收规范》GB 50261—2017

《建筑给水排水及采暖工程施工质量验收规范》GB 50242—2002

《沟槽式连接管道工程技术规程》CECS 151：2003

《建筑工程施工质量验收统一标准》GB 50300—2013

《低压流体输送用焊接钢管》GB/T 3091—2015

《输送流体用无缝钢管》GB/T 8163—2008

2 术语

2.0.1 自动喷水灭火系统：由洒水喷头、报警阀组、水流报警装置（水流指示器或压力开关）等组件，以及管道、供水设施组成，并能在发生火灾时喷水的自动灭火系统。

2.0.2 准工作状态：自动喷水灭火系统性能及使用条件符合有关技术要求，发生火灾时能立即动作、喷水灭火的状态。

2.0.3 系统组件：组成自动喷水灭火系统的喷头、报警阀组、压力开关、水流指示器、消防水泵、稳压装置等专用产品的统称。

2.0.4 信号阀：具有输出启闭状态信号功能的阀门。

2.0.5 稳压泵：能使自动喷水灭火系统在准工作状态的压力保持在设计工作压力范围内的一种专用水泵。

2.0.6 喷头防护罩：保护喷头在使用中免遭机械性损伤，但不影响喷头动作、喷水灭火性能的一种专用罩。

2.0.7 末端试水装置：安装在系统管网或分区管网的末端，检验系统启动、报警及联动等功能的装置。

2.0.8 消防水泵：是指专用消防水泵或达到国家标准的普通清水泵。

3 施工准备

3.1 作业条件

3.1.1 编制自动喷水灭火系统施工方案。

3.1.2 设计图纸及技术文件齐全，已由设计单位、消防部门、建设单位、施工单位进行会审认定。

3.1.3 土建预留的管道套管应符合要求。

3.1.4 土建施工的消防水泵基础应符合要求。

3.1.5 管道安装所需要的基准线应测定并标明，如吊顶标高、地面标高、内隔墙位置线等。

3.1.6 喷头、水流指示器、减压阀、湿式报警阀的安装应在管道试压和冲洗合格后进行。

3.1.7 喷头安装前应检查喷头的动作温度是否符合设计要求以及喷头的型号（上喷、下喷、侧喷）是否符合要求。

3.1.8 喷头安装前应将各种动作温度喷头的安装区域交底清楚，同时将上喷、下喷、侧喷喷头的安装位置交底清楚。

3.1.9 水压试验时环境温度不宜低于5℃，否则应采取防冻措施。

3.2 材料、设备及机具

3.2.1 主要材料、设备：消防水泵、报警阀组、压力开关、水流指示器、喷头、水泵接合器等。主要材料、设备应经国家消防产品质量监督检验中心检测合格。

3.2.2 辅助材料、设备：稳压泵、信号阀、多功能水泵控制阀、止回阀、泄压阀、减压阀、蝶阀、闸阀、自动排气阀、压力表等。辅助材料、设备应经相应国家产品质量监督检验中心检测合格。

3.2.3 主要机具：套丝机、电焊机、管道滚槽机、切割机、钻孔机、电锤、台钻等。

3.2.4 辅助机具：离心泵、试压泵、气焊工具、倒链、管钳、水平尺、钢卷尺、手锤、扳手、喷头安装专用扳手、改锥等。

4　操作工艺

4.1　工艺流程

管路及其支吊架安装 → 报警阀安装 → 水流指示器、信号阀等组件安装 →

供水设施安装 → 管道试压、冲洗 → 喷头、报警阀配件、末端试验装置等组件安装 →

系统严密性试验 → 系统通水调试

4.2　管路安装

4.2.1　管路采用钢管时，其材质应符合现行国家标准《输送流体用无缝钢管》GB/T 8163、《低压流体输送用焊接钢管》GB/T 3091 的要求。严禁采用衬塑钢管或内涂塑钢管。

4.2.2　管路安装前应校直管子，并清除管子内部的杂物；安装时应随时清除已安装管道内部的杂物。

4.2.3　管道的材质应根据设计要求选用，一般采用热镀锌钢管。当管子公称直径小于或等于 100mm 时，采用螺纹连接；当管子公称直径大于 100mm 时，可采用沟槽式连接或法兰连接。连接后，均不得减小管道的通水横断面面积。采用法兰连接时，每段管子的长度不宜超过 6m。热镀锌钢管严禁采用焊接连接。

4.2.4　在具有腐蚀性的场所安装管路前，应按设计要求对管子、管件等进行防腐处理。采用焊接或法兰连接的管子，应在焊后进行防腐处理。

4.2.5　要求进行二次镀锌的管子，应在其他管道未安装前预装、试压、拆卸、镀锌后复装。拆卸前应对管段进行编号，以利镀锌后准确复装。

4.2.6　管子宜采用机械切割，切割面不得有飞边、毛刺；管子螺纹密封面应符合相关国家标准的规定。

4.2.7　螺纹连接的密封填料应均匀附着在管道的螺纹部分；拧紧螺纹时，不得将填料挤入管道内；连接后，应将连接处外部清理干净。

4.2.8　螺纹连接的管道变径时，宜采用异径接头；在管道弯头处不得采用补芯；需要采用补芯时，三通上可用 1 个，四通上不应超过 2 个；公称直径大于 50mm 的管道不宜采用活接头。

4.2.9　沟槽式管件连接时，其管道连接沟槽和开孔应用专用滚槽机和开孔机加工，并应做防腐处理；当管端沟槽加工部位的管口不圆整时应整圆，壁厚应均匀，表面的污物、油漆、铁锈等应予清除。

4.2.10 沟槽连接前应检查沟槽和孔洞尺寸，加工质量应符合所用沟槽件厂家的技术要求；沟槽、孔洞处不得有毛刺、破损性裂纹。

4.2.11 沟槽连接时应先在橡胶密封圈上涂抹润滑剂，润滑剂可采用肥皂水或洗洁剂，不得采用油润滑剂，同时应检查橡胶密封圈无破损和变形。

4.2.12 沟槽式管件的凸边应卡进沟槽后再紧固螺栓，两边应同时紧固，紧固时发现橡胶圈起皱应更换新橡胶圈。

4.2.13 沟槽机械三通连接时，应检查机械三通与孔洞的间隙，各部位应均匀，然后再紧固到位；机械三通开孔间距不应小于 500mm，机械四通开孔间距不应小于 1000mm。

4.2.14 喷淋立管与水平管采用沟槽连接时，应采用沟槽三通，不应采用机械三通。

4.2.15 直管管段宜采用刚性接头，在管段上每 4～5 个连续的刚性接头间，应设置一个挠性接头。

4.2.16 焊接连接应符合《工业金属管道工程施工规范》GB 50235—2010、《现场设备、工业管道焊接工程施工规范》GB 50236—2011 的有关规定。

4.2.17 法兰连接可采用焊接法兰或螺纹法兰。焊接法兰焊接后应重新镀锌再连接。螺纹法兰连接应预测对接位置，清除外露密封填料后再连接紧固。

4.2.18 管道连接紧固法兰时，应检查法兰端面是否干净，法兰垫采用 3～5mm 厚的橡胶垫片。法兰螺栓的规格应符合规定。紧固螺栓应先紧固最不利点，然后依次对称紧固。法兰接口应安装在易拆装的位置。

4.2.19 管道的安装位置应符合设计要求。管道安装过程中要做好同其他专业（通风空调、电气、装饰等）的协调、配合工作。

4.2.20 管道穿过建筑物的变形缝时，应设置柔性套管，位于室外的部分需采取防冻措施。

4.2.21 管道穿过墙体或楼板时应加设套管，套管长度不得小于墙体厚度，或应高出楼面或地面 50mm；管道的焊接环缝不得位于套管内。套管与管道的间隙应采用不燃烧材料填塞密实。

4.2.22 管道穿过墙体或楼板原则上应在建筑结构施工期间预留洞口。如需在已施工完毕的结构上开孔时，宜采用钻孔机施工，尽量避免用电锤或手工打洞。

4.2.23 水平管道安装宜设 0.002～0.005 的坡度，且应坡向排水管；当局部区域难以利用排水管将水排尽时，应采取相应的排水措施。当喷头数量小于或等于 5 只时，可在管道低凹处加设堵头；当喷头数量大于 5 只时，宜装设带阀门的排水管。

4.2.24 配水干管、配水管应做红色或红色环圈标志。

4.2.25 管路在安装中断时，应将管道的敞口封闭。

4.2.26 管道支架、吊架、防晃支架的型式、材质、加工尺寸及焊接质量等应符合设计要求和国家现行有关标准、规范的规定。

4.2.27 管道支架、吊架的安装位置不应妨碍喷头的喷水效果；管道支架、吊架与喷头之间的距离不宜小于 300mm；与末端喷头之间的距离不宜大于750mm。

4.2.28 配水支管上每一直管段、相邻喷头之间的管段设置的吊架均不宜少于 1 个；当喷头之间距离小于 1.8m 时，可隔段设置吊架，但吊架的间距不宜大于 3.6m。

4.2.29 当管子的公称直径等于或大于 50mm 时，每段配水干管或配水管设置防晃支架不应少于 1 个；当管道改变方向时，应增设防晃支架。

4.2.30 竖直安装的配水干管应在起始端和终端设防晃支架或采用管卡固定，其安装位置距地面或楼板的距离宜为 1.5～1.8m。

4.2.31 沟槽式管道连接接头的两侧应设置支架，支架与接头的净间距为150～300mm。

4.3 报警阀组安装

4.3.1 报警阀组的安装应先安装水源控制阀、报警阀，然后再进行报警阀辅助管道和附件的连接。水源控制阀、报警阀与配水干管的连接，应使水流方向一致。报警阀组安装的位置应符合设计要求；当设计无要求时，报警阀组应安装在便于操作的明显位置，距室内地面高度宜为 1.2m；两侧与墙的距离不应小于0.5m；正面与墙的距离不应小于 1.2m。安装报警阀组的室内地面应有排水设施。

4.3.2 报警阀组件安装要求：

压力表应安装在报警阀上便于观测的位置；水源控制阀和试验阀应安装在便

于操作的位置；水源控制阀应有明显开闭标志和可靠的锁定设施。

4.3.3 湿式报警阀组安装要求

应使报警阀前后的管道中能顺利充满水，压力波动时，水力警铃不应发生误报警；报警水流通路上的过滤器应安装在延迟器前，而且是便于清洗滤网操作的位置。

4.3.4 干式报警阀组安装要求

1 阀组应安装在不发生冰冻的场所；安装完成后，应向报警阀气室注入高度为 50～100mm 的清水；

2 充气连接管接口应在报警阀气室充注水位以上部位，且充气连接管的直径不应小于 15mm；止回阀、截止阀应安装在充气连接管上；

3 气源设备的安装应符合设计要求和国家现行有关标准的规定；安全排气阀应安装在气源与报警阀之间，且应靠近报警阀；

4 加速排气装置应安装在靠近报警阀的位置，且应有防止水进入加速排气装置的措施；低气压预报警装置应安装在配水干管一侧；

5 报警阀充水一侧和充气一侧、空气压缩机的气泵和储气罐上、加速排气装置上均应安装压力表。

4.3.5 雨淋阀组安装要求：

1 电动开启、传导管开启或手动开启的雨淋阀组，其传导管的安装应按湿式系统有关要求进行；开启控制装置的安装应安全可靠；

2 预作用系统雨淋阀组后的管道若需充气，其安装应按干式报警阀组有关要求进行；

3 雨淋阀组手动开启装置的安装位置应符合设计要求，且在发生火灾时应能安全开启和便于操作；

4 压力表应安装在雨淋阀组的水源一侧。

4.4 水流指示器、信号阀、倒流防止器等组件安装

4.4.1 水流指示器的安装应在管道试压和冲洗合格后进行。

4.4.2 水流指示器应竖直安装在水平管道上侧，其动作方向应和水流方向一致；安装后的水流指示器桨片、膜片应动作灵活，不应与管壁发生摩擦。

4.4.3 信号阀安装时，应按设计要求及规范的相关规定，并结合生产厂提供的技术参数进行。

4.4.4 信号阀应安装在水流指示器前的管道上，与水流指示器之间的距离不宜小于 300mm。

4.4.5 倒流防止器的安装应在管道冲洗合格后进行。

4.4.6 防污隔断阀的进口前不应安装过滤器，同时也不允许使用带过滤器的防污隔断阀，主要是为了防止过滤器的网眼可能被水中的杂质堵塞而引起紧急情况下的消防供水中断。在有的设计图纸中，防污隔断阀前设置了橡胶软接头、过滤器和闸阀，应及时与设计沟通，取消过滤器。

4.4.7 倒流防止器宜安装在水平位置，当竖直安装时，排水口应配备专用弯头。倒流防止器宜安装在便于调试和维护的位置。

4.4.8 倒流防止器两端应分别安装闸阀，而且至少有一端应安装挠性接头。

4.4.9 倒流防止器的泄水阀不宜反向安装，泄水阀应采取间接排水方式，其排水管不应直接与排水管（沟）连接。

4.4.10 倒流防止器安装完毕后，首次启动使用时，应关闭出水闸阀，缓慢打开进水闸阀，待阀腔充满水后，缓慢打开出水闸阀。

4.5　喷头、报警阀配件、末端试验装置等组件安装

4.5.1 喷头安装应在系统试压、冲洗合格后进行；安装于吊顶下的喷头应在吊顶施工完毕后进行安装。安装时，不得对喷头进行拆装、改动，并严禁给喷头附加任何装饰性涂层。

4.5.2 安装喷头应使用专用扳手，严禁利用喷头的框架施拧；喷头的框架、溅水盘产生变形或释放元件损伤时，应采用规格、型号相同的喷头更换。

4.5.3 喷头安装时，溅水盘与吊顶、门、窗、洞口、梁底、通风管道、隔断的距离应符合设计要求或规范规定。

4.5.4 水幕喷头安装应注意朝向被保护对象，在同一配水支管上应安装相同口径的水幕喷头。

4.5.5 采用特殊规格、性能的喷头时，应按照设计要求、规范规定和产品的规定参数进行安装。

4.5.6 其他组件包括水力警铃、压力开关、延迟器、末端试验装置、排气阀、控制阀、节流装置等，安装这些组件时，应按设计要求及规范的相关规定，并结合生产厂提供的技术参数进行。

4.6 供水设施安装

4.6.1 喷淋水泵、喷淋稳压泵的规格型号应符合设计要求。水泵安装应按设计要求及相关的规范进行。

4.6.2 水泵配管应在水泵定位找平、找正、稳固后进行，吸水管水平管段变径连接时，应采用偏心异径管件并应采用管顶平接，以免吸水管产生气囊影响消防水泵的运转。水泵设备不得承受管道、阀门的重量。

4.6.3 喷淋水泵接合器的型号、规格应符合设计要求。其安装位置应符合设计要求和规范规定。

4.6.4 喷淋水泵接合器应安装在便于消防车接近的人行道或非机动车行驶地段，距室外消火栓或消防水池的距离宜为 15～40m。

4.6.5 喷淋系统的水泵接合器应设置与消火栓系统的水泵接合器区别的永久性固定标志，并有分区标志。

4.7 管道试压、冲洗

4.7.1 管网安装完毕后，应对其进行强度试验、严密性试验和冲洗。试验、冲洗可分层、分段进行。

4.7.2 系统试压和冲洗应编制专门的方案，并履行规定的审批手续。

4.7.3 不能参与试验和冲洗的设备、阀门、仪表及附件应按照试验方式，分别采取隔离、拆除、替代等措施，并对采用的临时设施进行标志、记录。

4.7.4 管道试压时，不得转动卡箍件和紧固件，需拆卸或移动沟槽式接头时，必须在管道排水降压后进行下一步工序。

4.7.5 强度试验和严密性试验宜用水进行。干式喷水灭火系统、预作用喷水灭火系统应做水压试验和气压试验。

4.7.6 水压试验时环境温度不宜低于 5℃，否则应采取防冻措施。试压用的压力表不少于 2 只，精度不应低于 1.5 级，量程应为试验压力的 1.5～2 倍。

4.7.7 当系统设计工作压力等于或小于 1.0MPa 时，水压强度试验压力应为设计工作压力的 1.5 倍，并不低于 1.4MPa；当系统设计工作压力大于 1.0MPa 时，水压强度试验压力应为该工作压力加 0.4MPa。

4.7.8 水压强度试验的测试点应设在系统管网的最低点。对管网注水时，应充分排尽其中的空气，并应缓慢升压；达到试验压力后，稳压 30min，目测管网应无泄漏和变形，且压力降不应大于 0.05MPa，水压试验即合格。

4.7.9　系统冲洗在水压强度试验合格后进行。

4.7.10　水压严密性试验在水压强度试验和系统冲洗合格后进行。试验压力应为设计工作压力，稳压 24h，应无泄漏。

4.7.11　干式喷水灭火系统、预作用喷水灭火系统应做气压严密性试验。气压试验的介质为氮气或空气。气压严密性试验的试验压力应为 0.28MPa，稳压 24h，压力降不大于 0.01MPa 为合格。

4.8　系统通水调试

系统通水调试应达到消防部门测试规定条件。系统设备运转正常；各组件动作正常；最不利点喷头的压力和流量应符合设计要求。

系统调试应包括以下内容：水源测试；消防水泵调试；稳压泵调试；报警阀调试；排水设施调试；联动调试。

4.8.1　水源测试

1　设置消防水箱的，应按设计要求核实消防水箱、消防水池的容积，消防水箱设置高度应符合设计要求；消防储水应有不作它用的技术措施。

2　采用市政管网直接供水的，应由市政管网引入消防泵房内的进水管作为水源，进行水源的测试。

3　采用室外消火栓作为水源，利用水泵接合器进行水源的测试。从靠近喷淋水泵接合器的室外消火栓处接消防水龙带至喷淋水泵接合器，同时将消防水泵出水管上的泄水口用镀锌管接入泵房内的排水沟（水泵接合器试验前，系统为无水状态），进行水源的测试。

4.8.2　消防水泵调试

1　以自动和手动方式启动消防水泵时，消防水泵应在 30s 内投入正常运行。

2　以备用电源切换方式或备用泵切换启动消防水泵时，消防水泵应在 30s 内投入正常运行。

4.8.3　稳压泵调试

1　手动启动稳压泵，使管网压力升高，待升至介于启泵压力和停泵压力之间后，将稳压泵设定为自动工作状态。

2　开启湿式报警阀组的放水阀，待压力下降至启泵压力时，稳压泵应自动启动；稳压泵启动后，关闭放水阀，管网压力逐步上升，至停泵压力时应自动停泵。

3　将稳压泵控制切换至手动状态，开启湿式报警阀组的放水阀使管网压力下降，至启泵压力以下时关闭放水阀，然后将稳压泵切换至自动状态，稳压泵应能自动启动。

4 再次将稳压泵控制切换至手动状态，手动启泵将系统升压至停泵压力以上，然后将稳压泵切换至自动状态，稳压泵应不启动。

4.8.4 报警阀调试

1 湿式报警阀调试时，开启末端试水装置的试水阀或报警阀装置上的排水阀，当湿式报警阀进口水压大于 0.14MPa、放水流量大于 1L/s 时，报警阀应及时启动；带延迟器的水力警铃应在 5～90s 内发出报警铃声；压力开关应及时动作，并反馈信号。

2 干式报警阀调试时，开启系统试验阀，报警阀的启动时间、启动点压力、水流到试验装置出口所需时间，均应符合设计要求。

3 雨淋阀调试宜利用检测、试验管道进行。自动和手动方式启动的雨淋阀，应在 15s 之内启动；公称直径大于 200mm 的雨淋阀调试时，应在 60s 之内启动。雨淋阀调试时，当报警水压为 0.05MPa，水力警铃应发出报警铃声。

4.8.5 排水设施调试

1 开启排水装置 DN65 的主排水阀（一般位于水流指示器的后面），按系统最大设计灭火水量作排水试验，并使压力达到稳定。

2 试验过程中，从系统排出的水应全部从室内排水系统排走。

4.8.6 联动调试

1 开启第一个水流指示器分区的末端试水装置放水，待该区域的系统压力下降至稳压泵启泵压力时，稳压泵应自动启动；继续放水，喷淋主泵应自动启动，待系统压力稳定后读取放水阀处的压力表读数，确认是否满足设计要求最不利点喷头处的压力。同时，湿式报警阀应及时动作，水力警铃（带延迟器）在 5～90s 内报警，3m 处声响不小于 70dB。关闭试水阀后，湿式报警阀复位，水力警铃停止报警。

2 重复上述操作，依次对所有水流指示器分区进行调试，直至完全符合要求。

5 质量标准

5.1 主控项目

5.1.1 喷淋水泵的规格、型号应符合设计要求，水泵试运转轴承的温升必须符合规范规定。

检验方法：现场检查或检查有关记录。

5.1.2 喷头的位置、间距、方向必须符合设计要求和规范规定。

检验方法：现场检查或检查有关记录。

5.1.3 水压试验必须符合设计要求和规范规定。

检验方法：检查有关记录。

5.1.4 最不利点喷头的压力、流量必须符合设计要求和规范规定。

检验方法：检查试验记录。

5.2　一般项目

5.2.1 管道坡度及垂直度应符合设计要求或规范规定。

检验方法：现场检查或检查有关记录。

5.2.2 吊架间距、吊架与喷头间的距离应符合规范规定。

检验方法：现场检查或检查有关记录。

5.2.3 镀锌管道螺纹连接应牢固，接口处无外漏油麻且防腐良好。

检验方法：现场检查或检查有关记录。

5.2.4 管道涂漆应符合设计要求。

检验方法：现场检查或检查有关记录。

6　成品保护

6.0.1 各控制阀的名称应标明，并可靠地将其锁定在常开位置。

6.0.2 安装在易受机械损伤处的喷头，应加设喷头保护罩。同时，要注意保护其他已完成的设施。

6.0.3 已安装好的管道及管道支架不得作为其他用途的受力点。

6.0.4 管道在安装中断时，应将管道的敞口封闭。

6.0.5 系统的配件、仪表等要妥善保管、保护，防止损坏、丢失。

7　注意事项

7.1　应注意的质量问题

7.1.1 应与业主、设计方、各专业施工方进行及时、有效的协调与沟通。避免管道与其他设施互相干涉、冲突，导致大量拆改。

7.1.2 喷头接口渗漏。

7.1.3 水流指示器动作不灵敏。

7.1.4 喷头堵塞。

7.1.5 水力警铃不动作。

7.2 应注意的安全问题

7.2.1 湿式系统一旦充水，即应视为处于工作状态，必须对现场进行严格的管理，以防因意外失误造成不必要的损失。

7.2.2 安装管道开孔、开洞时，应注意防止因破坏建筑结构、电气设施等引发意外事故。

7.2.3 系统组件、阀门等在搬运、安装过程中应防止碰撞、坠落等发生。

7.2.4 交叉作业时，应多方面采取安全措施，防止发生人身安全事故。

7.3 应注意的绿色施工问题

7.3.1 供水设施安装时，环境温度不应低于 5℃；当环境温度低于 5℃时，应采取防冻措施。

7.3.2 水压试验时环境温度不宜低于 5℃，当低于 5℃时，水压试验应采取防冻措施。

8 质量记录

8.0.1 材料、设备的出厂合格证。

8.0.2 管道隐蔽检查记录。

8.0.3 自动喷水灭火系统试压记录。

8.0.4 自动喷水灭火系统管网冲洗记录。

8.0.5 自动喷水灭火系统联动试验记录。

8.0.6 自动喷水灭火系统验收记录。

第 17 章　消火栓系统安装

本工艺标准适用于民用、一般工业建筑物、构筑物的消火栓系统安装工程。

1　引用文件

《消防给水及消火栓系统技术规范》GB 50974—2014
《建筑给水排水及采暖工程施工质量验收规范》GB 50242—2002
《沟槽式连接管道工程技术规程》CECS 151：2003
《建筑工程施工质量验收统一标准》GB 50300—2013

2　术语

2.0.1　消火栓系统：由供水设施、消火栓、供水管网和阀门等组成的系统。

2.0.2　消防水泵：是指符合国家现行标准《消防泵》GB 6245、《离心泵技术条件（Ⅰ类）》GB/T 16907 或《离心泵　技术条件（Ⅱ类）》GB/T 5656 的普通清水泵。

3　施工准备

3.1　作业条件

3.1.1　编制消火栓系统施工方案。

3.1.2　设计图纸及技术文件齐全，已由设计单位、消防部门、建设单位、施工单位进行会审认定。

3.1.3　土建预留的管道套管应符合要求。

3.1.4　土建施工的消防水泵基础应符合要求。

3.1.5　管道安装所需要的基准线应测定并标明，如吊顶标高、地面标高（消火栓箱标高定位用）、内隔墙位置线等。

3.1.6　消火栓箱预留孔洞位置、尺寸正确。

3.1.7 水压试验时环境温度不宜低于5℃，否则应采取防冻措施。

3.2 材料及机具

3.2.1 主要材料、设备：消防水泵、消火栓、消防水带、消防水枪、消防软管卷盘或轻便水龙、报警阀组、电动（磁）阀、压力开关、流量开关、消防水泵接合器、沟槽连接件等系统主要设备和组件，应经国家消防产品质量监督检验中心检测合格。

3.2.2 辅助材料、设备：稳压泵、气压水罐、消防水箱、自动排气阀、信号阀、止回阀、安全阀、减压阀、倒流防止器、蝶阀、闸阀、流量计、压力表、水位计等，应经相应国家产品质量监督检验中心检测合格。

3.2.3 主要机具：套丝机、电焊机、管道滚槽机、切割机、开孔机、电锤、台钻等。

3.2.4 辅助机具：试压泵、气焊工具、倒链、管钳、水平尺、钢卷尺、手锤、扳手、改锥等。

4 操作工艺

4.1 工艺流程

管路安装 → 消火栓安装 → 供水设施安装 → 管道试压、冲洗 → 系统调试

4.2 管路安装

4.2.1 管路采用钢管时，其材质应符合现行国家标准《输送流体用无缝钢管》GB/T 8163、《低压流体输送用焊接钢管》GB/T 3091的要求；

4.2.2 采用螺纹连接时，热浸镀锌钢管的管件宜采用现行国家标准《锻铸铁螺纹管件》GB 3287～GB 3289的有关规定，热浸镀锌无缝钢管的管件宜采用现行国家标准《锻钢制螺纹管件》GB/T 14626的有关规定；

4.2.3 螺纹连接时螺纹应符合现行国家标准《R系列圆锥管螺纹圆板牙》GB/T 20328的有关规定，宜采用密封胶带作为螺纹接口的密封，密封带应在阳螺纹上施加；

4.2.4 法兰连接时法兰的密封面形式和压力等级应与消防给水系统技术要求相符合；法兰类型宜根据连接形式采用平焊法兰、对焊法兰和螺纹法兰等，法兰选择应符合现行国家标准《钢制管法兰》GB 9112～GB 9113、《钢制对焊管件类型与参数》GB/T 12459和《管法兰用非金属聚四氟乙烯包覆垫片》GB/T

13404 的有关规定；

4.2.5 当热浸镀锌钢管采用法兰连接时应选用螺纹法兰，当必须焊接连接时，法兰焊接应符合现行国家标准《现场设备、工业管道焊接工程施工规范》GB 50236 和《工业金属管道工程施工规范》GB 50235 的有关规定；

4.2.6 管径大于 DN50 的管道不应使用螺纹活接头，在管道变径处应采用单体异径接头。

4.2.7 沟槽连接件（卡箍）连接应符合下列规定：

1 沟槽式连接件（管接头）、钢管沟槽深度和钢管壁厚等，应符合现行国家标准《自动喷水灭火系统 第 11 部分：沟槽式管接件》GB 5135.11—2006 的有关规定；

2 有振动的场所和埋地管道应采用柔性接头，其他场所宜采用刚性接头，当采用刚性接头时，每隔 4～5 个刚性接头应设置一个挠性接头，埋地连接时螺栓和螺母应采用不锈钢件；

3 沟槽式管件连接时，其管道连接沟槽和开孔应用专用滚槽机和开孔机加工，并应做防腐处理；连接前应检查沟槽和孔洞尺寸，加工质量应符合技术要求；沟槽、孔洞处不应有毛刺、破损性裂纹和脏物；

4 沟槽式管件的凸边应卡进沟槽后再紧固螺栓，两边应同时紧固，紧固时发现橡胶圈起皱应更换新橡胶圈；

5 机械三通连接时，应检查机械三通与孔洞的间隙，各部位应均匀，然后再紧固到位；机械三通开孔间距不应小于 1m，机械四通开孔间距不应小于 2m；

6 配水干管（立管）与配水管（水平管）连接，应采用沟槽式管件，不应采用机械三通；

7 埋地的沟槽式管件的螺栓、螺帽应做防腐处理。水泵房内的埋地管道连接应采用挠性接头；

8 采用沟槽连接件连接管道变径和转弯时，宜采用沟槽式异径管件和弯头；当需要采用补芯时，三通上可用一个，四通上不应超过二个；公称直径大于50mm 的管道不宜采用活接头；

9 沟槽连接件应采用三元乙丙橡胶（EDPM）C 型密封胶圈，弹性应良好，应无破损和变形，安装压紧后 C 型密封胶圈中间应有空隙。

4.2.8 架空管道应采用热浸镀锌钢管，并宜采用沟槽连接件、螺纹、法兰和卡压等方式连接；架空管道不应安装使用钢丝网骨架塑料复合管等非金属管道。

4.2.9 架空管道的安装位置应符合设计要求，并应符合下列规定：

1 架空管道的安装不应影响建筑功能的正常使用，不应影响和妨碍通行以及门窗等开启；

2 当设计无要求时，管道的中心线与梁、柱、楼板等的最小距离应符合表 17-1 的规定；

管道中心线与梁、柱、楼板等的最小距离　　　　　　　表 17-1

公称直径（mm）	25	32	40	50	70	80	100	125	150	200
距离（mm）	40	40	50	60	70	80	100	125	150	200

3 消防给水管穿过地下室外墙、构筑物墙壁以及屋面等有防水要求处时，应设防水套管；

4 消防给水管穿过建筑物承重墙或基础时，应预留洞口，洞口高度应保证管顶上部净空不小于建筑物的沉降量，不宜小于 0.1m，并应填充不透水的弹性材料；

5 消防给水管穿过墙体或楼板时应加设套管，套管长度不应小于墙体厚度，或应高出楼面或地面 50mm；套管与管道的间隙应采用不燃材料填塞，管道的接口不应位于套管内；

6 消防给水管必须穿过伸缩缝及沉降缝时，应采用波纹管和补偿器等技术措施；

7 消防给水管可能发生冰冻时，应采取防冻技术措施；

8 通过及敷设在有腐蚀性气体的房间内时，管外壁应刷防腐漆或缠绕防腐材料。

4.2.10 架空管道的支吊架应符合下列规定：

1 架空管道支架、吊架、防晃或固定支架的安装应固定牢固，其型式、材质及施工应符合设计要求；

2 设计的吊架在管道的每一支撑点处应能承受 5 倍于充满水的管重，且管道系统支撑点应支撑整个消防给水系统；

3 管道支架的支撑点宜设在建筑物的结构上，其结构在管道悬吊点应能承受充满水管道重量另加至少 114kg 的阀门、法兰和接头等附加荷载；

4　管道支架或吊架的设置间距不应大于表 17-2 的要求；

管道支架或吊架的设置间距　　　　　　　表 17-2

管径（mm）	25	32	40	50	70	80	100	125	150	200	250	300
间距（m）	3.5	4.0	4.5	5.0	6.0	6.0	6.5	7.0	8.0	9.5	11.0	12.0

5　当管道穿梁安装时，穿梁处宜作为一个吊架；

6　下列部位应设置固定支架或防晃支架：

1）配水管宜在中点设一个防晃支架，但当管径小于 $DN50$ 时可不设；

2）配水干管及配水管，配水支管的长度超过 15m，每 15m 长度内应至少设 1 个防晃支架，但当管径不大于 $DN40$ 可不设；

3）管径大于 $DN50$ 的管道拐弯、三通及四通位置处应设 1 个防晃支架；

4）防晃支架的强度，应满足管道、配件及管内水的重量再加 50％的水平方向推力时不损坏或不产生永久变形。当管道穿梁安装时，管道再用紧固件固定于混凝土结构上，宜可作为 1 个防晃支架处理。

4.2.11　架空管道每段管道设置的防晃支架不应少于 1 个；当管道改变方向时，应增设防晃支架；立管应在其始端和终端设防晃支架或采用管卡固定。

4.2.12　埋地钢管应做防腐处理，防腐层材质和结构应符合设计要求，并应按现行国家标准《给水排水管道工程施工及验收规范》GB 50268 的有关规定施工；室外埋地球墨铸铁给水管要求外壁应刷沥青漆防腐；埋地管道连接用的螺栓、螺母以及垫片等附件应采用防腐蚀材料，或涂覆沥青涂层等防腐涂层；埋地钢丝网骨架塑料复合管不应做防腐处理。

4.2.13　架空管道外应刷红色油漆或涂红色环圈标志，并应注明管道名称和水流方向标识。红色环圈标志，宽度不应小于 20mm，间隔不宜大于 4m，在一个独立的单元内环圈不宜少于 2 处。

4.3　消火栓安装

4.3.1　室内消火栓及消防软管卷盘的安装应符合下列规定：

1　室内消火栓及消防软管卷盘的选型、规格应符合设计要求；

2　同一建筑物内设置的消火栓、消防软管卷盘应采用统一规格的栓口、消防水枪和水带及配件；

3 试验用消火栓栓口处应设置压力表；

4 当消火栓设置减压装置时，应检查减压装置符合设计要求，且安装时应有防止砂石等杂物进入栓口的措施；

5 室内消火栓及消防软管卷盘应设置明显的永久性固定标志，当室内消火栓因美观要求需要隐蔽安装时，应有明显的标志，并应便于开启使用；

6 消火栓栓口出水方向宜向下或与设置消火栓的墙面成90°角，栓口不应安装在门轴侧；

7 消火栓栓口中心距地面应为1.1m，特殊地点的高度可特殊对待，允许偏差±20mm。

4.3.2 消火栓箱的安装应符合下列规定：

1 消火栓的启闭阀门设置位置应便于操作使用，阀门的中心距箱侧面应为140mm，距箱后内表面应为100mm，允许偏差±5mm；

2 室内消火栓箱的安装应平正、牢固，暗装的消火栓箱不应破坏隔墙的耐火性能；

3 箱体安装的垂直度允许偏差为±3mm；

4 消火栓箱门的开启不应小于120°；

5 安装消火栓水龙带，水龙带与消防水枪和快速接头绑扎好后，应根据箱内构造将水龙带放置；

6 双向开门消火栓箱应有耐火等级应符合设计要求，当设计没有要求时应至少满足1h耐火极限的要求；

7 消火栓箱门上应用红色字体注明"消火栓"字样。

4.4 供水设施安装

4.4.1 消防水泵的安装应符合下列要求：

1 消防水泵安装前应校核产品合格证，以及其规格、型号和性能与设计要求应一致，并应根据安装使用说明书安装；

2 消防水泵安装前应复核水泵基础混凝土强度、隔振装置、坐标、标高、尺寸和螺栓孔位置；

3 消防水泵的安装应符合现行国家标准《给水排水构筑物工程施工及验收规范》GB 50141—2008、《机械设备安装工程施工及验收通用规范》GB 50231—2009、《风机、压缩机、泵安装工程施工及验收规范》GB 50275—2010的有关规定；

4 消防水泵安装前应复核消防水泵之间，以及消防水泵与墙或其他设备之间的间距，并应满足安装、运行和维护管理的要求；

5 消防水泵吸水管上的控制阀应在消防水泵固定于基础上后再进行安装，其直径不应小于消防水泵吸水口直径，且不应采用没有可靠锁定装置的控制阀，控制阀应采用沟漕式或法兰式阀门；

6 当消防水泵和消防水池位于独立的两个基础上且相互为刚性连接时，吸水管上应加设柔性连接管；

7 吸水管水平管段上不应有气囊和漏气现象。变径连接时，应采用偏心异径管件并应采用管顶平接；

8 消防水泵出水管上应安装消声止回阀、控制阀和压力表；系统的总出水管上还应安装压力表和低压压力开关；安装压力表时应加设缓冲装置。压力表和缓冲装置之间应安装旋塞；压力表量程在没有设计要求时，应为系统工作压力的 2～2.5 倍；

9 消防水泵的隔振装置、进出水管柔性接头的安装应符合设计要求，并应有产品说明和安装使用说明。

4.4.2 天然水源取水口、地下水井、消防水池和消防水箱安装施工，应符合下列要求：

1 天然水源取水口、地下水井、消防水池和消防水箱的水位、出水量、有效容积、安装位置，应符合设计要求；

2 天然水源取水口、地下水井、消防水池、消防水箱的施工和安装，应符合现行国家标准《给水排水构筑物工程施工及验收规范》GB 50141—2008、《管井技术规范》GB 50296—2014 和《建筑给水排水及采暖工程施工质量验收规范》GB 50242—2002 的有关规定；

3 消防水池和消防水箱出水管或水泵吸水管应满足最低有效水位出水不掺气的技术要求；

4 安装时池外壁与建筑本体结构墙面或其他池壁之间的净距，应满足施工、装配和检修的需要；

5 钢筋混凝土制作的消防水池和消防水箱的进出水等管道应加设防水套管，钢板等制作的消防水池和消防水箱的进出水等管道宜采用法兰连接，对有振动的管道应加设柔性接头。组合式消防水池或消防水箱的进水管、出水管接头宜采用法兰连接，采用其他连接时应做防锈处理；

6 消防水池、消防水箱的溢流管、泄水管不应与生产或生活用水的排水系统直接相连，应采用间接排水方式。

4.4.3 气压水罐安装应符合下列要求：

1 气压水罐有效容积、气压、水位及设计压力应符合设计要求；

2 气压水罐安装位置和间距、进水管及出水管方向应符合设计要求；出水管上应设止回阀；

3 气压水罐宜有有效水容积指示器。

4.4.4 稳压泵的安装应符合下列要求：

1 规格、型号、流量和扬程应符合设计要求，并应有产品合格证和安装使用说明书；

2 稳压泵的安装应符合现行国家标准《给水排水构筑物工程施工及验收规范》GB 50141—2008、《机械设备安装工程施工及验收通用规范》GB 50231—2009、国家标准《风机、压缩机、泵安装工程施工及验收规范》GB 50275—2010 的有关规定。

4.4.5 消防水泵接合器的安装应符合下列规定：

1 消防水泵接合器的安装，应按接口、本体、联接管、止回阀、安全阀、放空管、控制阀的顺序进行，止回阀的安装方向应使消防用水能从消防水泵接合器进入系统，整体式消防水泵接合器的安装，应按其使用安装说明书进行；

2 消防水泵接合器的设置位置应符合设计要求；

3 消防水泵接合器永久性固定标志应能识别其所对应的消防给水系统或水灭火系统，当有分区时应有分区标识；

4 地下消防水泵接合器应采用铸有"消防水泵接合器"标志的铸铁井盖，并应在其附近设置指示其位置的永久性固定标志；

5 墙壁消防水泵接合器的安装应符合设计要求。设计无要求时，其安装高度距地面宜为0.7m；与墙面上的门、窗、孔、洞的净距离不应小于2.0m，且不应安装在玻璃幕墙下方；

6 地下消防水泵接合器的安装，应使进水口与井盖底面的距离不大于0.4m，且不应小于井盖的半径；

7 消火栓水泵接合器与消防通道之间不应设有妨碍消防车加压供水的障碍物；

8 地下消防水泵接合器井的砌筑应有防水和排水措施。

4.5　管道试压、冲洗

4.5.1　消防给水及消火栓系统试压和冲洗应符合下列要求：

1 管网安装完毕后，应对其进行强度试验、冲洗和严密性试验；

2 强度试验和严密性试验宜用水进行。干式消火栓系统应做水压试验和气压试验；

3 系统试压完成后，应及时拆除所有临时盲板及试验用的管道，并应与记录核对无误；

4 管网冲洗应在试压合格后分段进行。冲洗顺序应先室外，后室内；先地下，后地上；室内部分的冲洗应按供水干管、水平管和立管的顺序进行；

5 系统试压前应具备下列条件：

1）埋地管道的位置及管道基础、支墩等经复查应符合设计要求；

2）试压用的压力表不应少于 2 只；精度不应低于 1.6 级，量程应为试验压力值的 1.5～2 倍；

3）试压冲洗方案已经批准；

4）对不能参与试压的设备、仪表、阀门及附件应加以隔离或拆除；加设的临时盲板应具有突出于法兰的边耳，且应做明显标志，并记录临时盲板的数量；

6 系统试压过程中，当出现泄漏时，应停止试压，并应放空管网中的试验介质，消除缺陷后，应重新再试；

7 管网冲洗宜用水进行。冲洗前，应对系统的仪表采取保护措施；

8 冲洗前，应对管道防晃支架、支吊架等进行检查，必要时应采取加固措施；

9 对不能经受冲洗的设备和冲洗后可能存留脏物、杂物的管段，应进行清理；

10 冲洗管道直径大于 $DN100$ 时，应对其死角和底部进行振动，但不应损伤管道；

11 水压试验和水冲洗宜采用生活用水进行，不应使用海水或含有腐蚀性化学物质的水。

4.5.2 压力管道水压强度试验的试验压力应符合表 17-3 的规定。

压力管道水压强度试验试验压力　　　　　表 17-3

管材类型	系统工作压力 P（MPa）	试验压力（MPa）
钢管	≤1.0	1.5P，且不应小于 1.4
	>1.0	P+0.4
球墨铸铁管	≤0.5	2P
	>0.5	P+0.5

4.5.3 水压强度试验的测试点应设在系统管网的最低点。对管网注水时，应将管网内的空气排净，并应缓慢升压，达到试验压力后，稳压 30min 后，管网应无泄漏、无变形，且压力降不应大于 0.05MPa。

4.5.4 水压严密性试验应在水压强度试验和管网冲洗合格后进行。试验压力应为系统工作压力，稳压 24h，应无泄漏。

4.5.5 水压试验时环境温度不宜低于 5℃，当低于 5℃时，水压试验应采取防冻措施。

4.5.6 消防给水系统的水源干管、进户管和室内埋地管道应在回填前单独或与系统同时进行水压强度试验和水压严密性试验。

4.5.7 气压严密性试验的介质宜采用空气或氮气，试验压力应为 0.28MPa，且稳压 24h，压力降不应大于 0.01MPa。

4.5.8 管网冲洗的水流流速、流量不应小于系统设计的水流流速、流量；管网冲洗宜分区、分段进行；水平管网冲洗时，其排水管位置应低于冲洗管网。

4.5.9 管网冲洗的水流方向应与灭火时管网的水流方向一致。

4.5.10 管网冲洗应连续进行。当出口处水的颜色、透明度与入口处水的颜色、透明度基本一致时，冲洗可结束。

4.5.11 管网冲洗宜设临时专用排水管道，其排放应畅通和安全。排水管道的截面面积不应小于被冲洗管道截面面积的 60%。

4.5.12 管网的地上管道与地下管道连接前，应在管道连接处加设堵头后，对地下管道进行冲洗。

4.5.13 管网冲洗结束后，应将管网内的水排除干净。

4.5.14 干式消火栓系统管网冲洗结束，管网内水排除干净后，宜采用压缩空气吹干。

4.6 系统调试测试

4.6.1 消防给水及消火栓系统调试应在系统施工完成后进行，并应具备下列条件：

1 天然水源取水口、地下水井、消防水池、高位消防水池、高位消防水箱等蓄水和供水设施水位、出水量、已储水量等符合设计要求；

2 消防水泵、稳压泵和稳压设施等处于准工作状态；

3 系统供电正常，若柴油机泵油箱应充满油并能正常工作；

4 消防给水系统管网内已经充满水；

5 湿式消火栓系统管网内已充满水，手动干式、干式消火栓系统管网内的气压符合设计要求；

6 系统自动控制处于准工作状态；

7 减压阀和阀门等处于正常工作位置。

4.6.2 系统调试应包括下列内容：

1 水源调试和测试；

2 消防水泵调试；

3 稳压泵或稳压设施调试；

4 减压阀调试；

5 消火栓调试；

6 自动控制探测器调试；

7 干式消火栓系统的报警阀调试，并应包含报警阀的附件电动或磁阀等阀门的调试；

8 排水设施调试；

9 联动试验。

4.6.3 水源调试和测试应符合下列要求：

1 按设计要求核实高位消防水箱、高位消防水池、消防水池的容积，高位消防水池、高位消防水箱设置高度应符合设计要求；消防储水应有不作他用的技术措施；当有江河湖海、水库和水塘等天然水源作为消防水源时应验证其枯水位、洪水位和常水位的流量符合设计要求；地下水井的常水位、出水量等应符合设计要求；

2 消防水泵直接从市政管网吸水时，应测试市政供水的压力和流量能否满足设计要求的流量；

3 应按设计要求核实消防水泵接合器的数量和供水能力，并应通过消防车车载移动泵供水进行试验验证；

4 应核实地下水井的正常水位和设计抽升流量时的水位。

4.6.4 消防水泵调试应符合下列要求：

1 以自动直接启动或手动直接启动消防水泵时，消防水泵应在55s内投入正常运行，且应无不良噪声和振动；

2 以备用电源切换方式或备用泵切换启动消防水泵时，消防水泵应分别在1min或2min内投入正常运行；

3 消防水泵安装后应进行现场性能测试，其性能应与生产厂商提供的数据相符，并应满足消防给水设计流量和压力的要求；

4 消防水泵零流量时的压力不应超过设计额定压力的140%；当出口流量为设计额定流量的150%时，其出口压力不应低于设计额定压力的65%。

4.6.5 稳压泵应按设计要求进行调试，并应符合下列规定：

1 当达到设计启动压力时，稳压泵应立即启动；当达到系统停泵压力时，稳压泵应自动停止运行；稳压泵启停应达到设计压力要求；

2 能满足系统自动启动要求，且当消防主泵启动时，稳压泵应停止运行；

3 稳压泵在正常工作时每小时的启停次数应符合设计要求，且不应大于15次/h；

4 稳压泵启停时系统压力应平稳，且稳压泵不应频繁启停。

4.6.6 干式消火栓系统报警阀调试应符合下列要求：

1 采用干式报警阀的干式消火栓系统调试时，开启系统试验阀，报警阀的启动时间、启动点压力、水流到试验装置出口所需时间，均应符合设计要求；

2 干式报警阀后的管道容积应符合设计要求，并应满足充水时间的要求；

3 干式报警在充气压力下降到设定值时应能及时启动；

4 干式报警阀充气系统在设定低压点时应启动，在设定高压点时应停止充气，当压力低于设定低压点时应报警；

5 干式报警阀当设有加速排气器时，应验证其可靠工作。

4.6.7 减压阀调试应符合下列要求：

1 减压阀的阀前阀后动静压力应满足设计要求；

2　减压阀的出口流量应满足设计要求，当出口流量为设计额定流量的150％时，阀后动压不应小于额定设计压力的 65％；

3　减压阀在小流量、设计额定流量和额定流量的 150％时不应出现噪声明显增加；

4　测试减压阀的阀后动、静压差应符合设计要求。

4.6.8　消火栓的调试和测试应符合下列规定：

1　试验消火栓动作时，应检测消防水泵是否在本规范规定的时间内自动启动；

2　试验消火栓动作时，应测试其出流量、压力和充实水柱的长度；并应根据消防水泵的性能曲线核实消防水泵供水能力；

3　应检查旋转型消火栓的性能能否满足其性能要求；

4　应采用专用检测工具，测试减压稳压型消火栓的阀后动静压是否满足设计要求。

4.6.9　调试过程中，系统排出的水应通过排水设施全部排走，并应符合下列规定：

1　消防电梯排水设施的自动控制和排水能力应进行测试；

2　报警阀排水试验管处和末端试水装置处排水设施的排水能力应进行测试，且在地面不应有积水；

3　试验消火栓处的排水能力应满足试验要求；

4　消防水泵房排水设施的排水能力应进行测试，并应符合设计要求；

5　有毒有害场所消防排水收集、储存、监控和处理设施的调试和测试应符合设计要求。

4.6.10　控制柜调试和测试应符合下列要求：

1　应首先空载调试控制柜的控制功能，并应对各个控制程序的进行试验验证；

2　当空载调试合格后，应加负载调试控制柜的控制功能，并应对各个负载电流的进行试验检测和验证；

3　应检查显示功能，并应对电压、电流、故障、声光报警等功能进行试验检测和验证；

4　应调试自动巡检功能，并应对各泵的巡检动作、时间、周期、频率和转速等进行试验检测和验证；

5 应试验消防水泵的各种强制启泵功能。

4.6.11 联动试验应符合下列要求：

1 干式消火栓系统联动试验，当打开 1 个消火栓或模拟 1 个消火栓的排气量排气时，干式报警阀（电动阀/电磁阀）应及时启动，压力开关应发出信号或联动启动消防防水泵，水力警铃动作应发出机械报警信号；

2 消防给水系统的试验管放水时，管网压力应持续降低，消防水泵出水干管上低压压力开关应能自动启动消防水泵；消防给水系统的试验管放水或高位消防水箱排水管放水时，高位消防水箱出水管上的流量开关应动作，且应能自动启动消防水泵；

3 自动启动时间应满足设计要求。

5 质量标准

5.1 主控项目

5.1.1 消防水泵的规格、型号应符合设计要求，水泵试运转轴承的温升必须符合规范规定。

检验方法：现场检查或检查有关记录。

5.1.2 水压试验必须符合设计要求和规范规定。

检验方法：检查有关记录。

5.1.3 最不利点消火栓的压力、流量和充实水柱长度符合要求。

检验方法：检查试验记录。

5.2 一般项目

5.2.1 箱式消火栓的安装应符合下列规定：

1 栓口应朝外，并不应安装在门轴侧。

2 栓口中心距地面为 1.1m，允许偏差±20mm。

3 阀门中心距箱侧面为 140mm，距箱后内表面为 100mm，允许偏差±5mm。

4 消火栓箱体安装的垂直度允许偏差为 3mm。

检验方法：观察和尺量检查。

5.2.2 管道坡度及垂直度应符合设计要求或规范规定。

检验方法：现场检查或检查有关记录。

5.2.3　吊架间距应符合规范规定。

检验方法：现场检查或检查有关记录。

5.2.4　镀锌管道螺纹连接应牢固，接口处无外漏油麻且防腐良好。

检验方法：现场检查或检查有关记录。

5.2.5　管道涂漆应符合设计要求。

检验方法：现场检查或检查有关记录。

6　成品保护

6.0.1　各控制阀应处于常开位置。

6.0.2　已安装好的管道及管道支架不得作为其他用途的受力点。

6.0.3　管道在安装中断时，应将管道的敞口封闭。

6.0.4　消火栓箱内的附件，个部位的仪表、配件等要妥善保管、保护，防止损坏、丢失。

7　注意事项

7.1　应注意的质量问题

7.1.1　消火栓阀门关闭不严。常见原因：管道冲洗不合格。

7.1.2　消火栓螺纹接口渗漏。主要原因：密封填料使用不当；安装时用力过度，接口被撑裂。

7.1.3　消火栓箱门关闭不严。

7.2　应注意的安全问题

7.2.1　消火栓系统充水后，即应视其为处于工作状态，现场应严格管理，防止发生意外失误造成不必要的损失。

7.2.2　开孔、开洞时，应注意防止因破坏建筑结构、电气设施等引发意外事故。

7.2.3　交叉作业时，应多方面采取安全措施，防止发生人身安全事故。

7.3　应注意的绿色施工问题

7.3.1　供水设施安装时，环境温度不应低于 5℃；当环境温度低于 5℃时，应采取防冻措施。

7.3.2　水压试验时环境温度不宜低于 5℃，当低于 5℃时，水压试验应采取防冻措施。

8 质量记录

8.0.1 材料、设备的出厂合格证。

8.0.2 管道隐蔽检查记录。

8.0.3 消火栓系统试压记录。

8.0.4 消火栓系统管路冲洗记录。

8.0.5 消火栓系统联动试验记录。

8.0.6 消火栓系统验收记录。

第 18 章　气体灭火系统安装

本工艺标准适用于工业与民用建筑内设置的气体灭火系统安装工程施工。

1　引用文件

《气体灭火系统施工及验收规范》GB 50263—2007

《工业金属管道工程施工规范》GB 50235—2010

《现场设备、工业管道焊接工程施工规范》GB 50236—2011

《工业金属管道工程施工质量验收规范》GB 50184—2011

《现场设备、工业管道焊接工程施工质量验收规范》GB 50683—2011

2　术语

2.0.1　气体灭火系统：以气体为主要灭火介质的灭火系统。

2.0.2　惰性气体灭火系统：灭火剂为惰性气体的气体灭火系统。

2.0.3　卤代烷灭火系统：灭火剂为卤代烷的气体灭火系统。

2.0.4　高压二氧化碳灭火系统：灭火剂在常温下储存的二氧化碳灭火系统。

2.0.5　低压二氧化碳灭火系统：灭火剂在 $-18\sim-20℃$ 低温下储存的二氧化碳灭火系统。

2.0.6　组合分配系统：用一套灭火剂储存装置，保护两个及以上防护区或保护对象的灭火系统。

2.0.7　单元独立系统：用一套灭火剂储存装置，保护一个防护区或保护对象的灭火系统。

2.0.8　预制灭火系统：按一定的应用条件，将灭火剂储存装置和喷放组件等预先设计、组装成套且具有联动联动控制功能的灭火系统。

2.0.9　柜式气体灭火装置：由气体灭火剂瓶组、管路、喷嘴、信号反馈部件、检漏部件、驱动部件、减压部件、火灾探测部件、控制器组成的能自动探测并实施灭火的柜式灭火装置。

2.0.10 热气溶胶灭火装置：使气溶胶发生剂通过燃烧反应产生气溶胶灭火剂的装置。通常由引发器、气溶胶发生剂和发生器、冷却装置（剂）、反馈元件、外壳及与之配套的火灾探测装置和控制装置组成。

2.0.11 全淹没灭火系统：在规定时间内，向防护区喷放设计规定用量的灭火剂，并使其均匀地充满整个防护区的灭火系统。

2.0.12 局部应用灭火系统：向保护对象以设计喷射率直接喷射灭火剂，并持续一定时间的灭火系统。

2.0.13 防护区：满足全淹没灭火系统要求的有限封闭空间。

2.0.14 保护对象：被局部应用灭火系统保护的目的物。

3 施工准备

3.1 作业条件

3.1.1 施工方案已编制并完成审批手续。

3.1.2 主体建筑结构已经验收合格，现场已清理干净。

3.1.3 防护区、保护对象和灭火剂储存容器间设置条件符合设计要求。

3.1.4 测量基准已明确。

3.1.5 预留孔洞、预埋件符合设计要求。

3.1.6 设计交底及施工员对施工人员的安全、技术、质量等方面的交底已完成，焊工、电工等特种作业人员应持证上岗。

3.2 材料及机具

3.2.1 成套装置、系统组件、管材及其他设备、材料的型号、规格、材质、数量应符合设计要求，质量应符合相关标准的要求并有相应的质量证明文件和市场准入制度要求的有效证明文件。

3.2.2 系统组件、材料在安装前应按规范规定进行检验、试验。系统中采用的不能复验的产品，应具有生产厂出具的同批产品检验报告与合格证。

3.2.3 机具：电焊机，套丝机，切割机，焊缝射线探伤设备，钻孔机，电锤，台钻，试压泵，气焊工具，倒链，管钳，扳手，手锤，改锥，水平尺，钢卷尺等。

4　操作工艺

4.1　工艺流程

系统组件检查→灭火剂储存装置安装→集流管制作安装→

选择阀及信号反馈装置安装→阀驱动装置安装→灭火剂输送管道安装→

灭火剂输送管道试验、吹扫和涂漆→喷嘴安装→预制灭火系统安装→

控制组件安装→系统调试→系统验收

4.2　系统组件检查

4.2.1　外观检查：系统组件无碰撞变形及其他机械性损伤；组件外露非机械加工表面保护涂层完好；组件所有外露接口均设有防护堵、盖，且封闭良好，接口螺纹和法兰密封面无损伤；铭牌清晰。

4.2.2　灭火剂储存装置检查：容器规格一致，高差小于 20mm；灭火剂充装量与充装压力应符合设计要求和规范规定。

4.2.3　选择阀、液体单向阀、高压软管和阀驱动装置中的气体单向阀应按规范的规定进行水压强度试验和气压严密性试验，试验合格后，应及时烘干，并妥善封闭所有外露接口。

4.2.4　阀驱动装置检查：电磁驱动装置的电源电压应符合设计要求，通电检查电磁铁芯，行程应满足系统启动要求，且动作灵活无卡阻；气动驱动装置贮存容器内气体压力应符合设计要求及规范规定，气瓶规格应一致，高差不超过 10mm；气动驱动装置中的气体单向阀芯应启闭灵活，无卡阻现象。

4.3　灭火剂储存装置安装

4.3.1　储存装置的安装位置应符合设计文件的规定，储存容器的支架、框架应固定牢靠，并采取防腐处理措施。

4.3.2　储存装置的操作面距墙或操作面之间的距离不宜小于 1.0m。

4.3.3　储存装置上的压力计、液位计、称重显示装置的安装位置应便于观察和操作。

4.3.4　储存容器宜涂红色油漆，正面应标明设计规定的灭火剂名称和储存容器的编号。

4.3.5　安装时，容器阀（瓶头阀）手动启动装置的保险装置必须完好、可靠。手动启动装置上应挂标志牌说明其操作方法并标明其编号，编号应与储存容器的编号一致。

4.3.6 灭火剂储存装置安装后，泄压装置的泄压方向不应朝向操作面。低压二氧化碳灭火系统的安全阀应通过专用的泄压管接到室外。

4.4 集流管制作与安装

4.4.1 组合分配系统的集流管如在现场制作时，宜采用焊接方法。焊接前，每个开口均应采用机械加工的方法制作。集流管焊缝应按相关规范的规定进射线检验或超声波检验。采用钢管制作的集流管应在焊接后进行内外镀锌处理。

4.4.2 组合分配系统的集流管在安装前应按规范的规定进行水压强度试验和气压严密性试验。非组合分配系统的集流管可与管道一起进行强度试验和气压严密性试验。

4.4.3 集流管在安装前应清洗内腔，经检查确保清洁，并封闭进出口。

4.4.4 集流管应固定在支架、框架上，支架、框架应固定牢靠并做防腐处理。集流管外表面涂红色油漆。

4.4.5 装有泄压装置的集流管，泄压方向不应朝向操作面。

4.4.6 连接储存容器与集流管间的单向阀的流向指示箭头应指向介质流动方向。

4.5 选择阀及信号反馈装置安装

4.5.1 选择阀的安装方向应正确。

4.5.2 选择阀安装时手动操作装置必须处于"关"的位置。

4.5.3 选择阀手动操作手柄应安装在操作面一侧，当安装高度超过 1.7m 时应采取便于操作的措施。

4.5.4 采用螺纹连接的选择阀，其与管道连接处宜采用活接头。

4.5.5 选择阀上应设置标明防护区或保护对象名称或编号的永久性标志牌，应将标志牌固定在操作手柄附近，并便于观察。操作手柄的开关方向也应标明。

4.5.6 信号反馈装置的安装应符合设计要求。

4.6 阀驱动装置安装

4.6.1 电磁驱动装置的电气连接线应沿固定灭火剂贮存容器的支架、框架或墙面固定。

4.6.2 拉索式的手动驱动装置的拉索除必须外露部分外，应采用经内外防腐处理的钢管保护；拉索转弯处应采用专用导向滑轮；拉索末端拉手应设在专用的保护盒内；套管和保护盒必须固定牢靠。

4.6.3 以重力为驱动力的机械驱动装置，应保证重物在下落行程中无阻挡，其下落行程应保证阀驱动所需距离，且不得小于 25mm。

4.6.4 气动驱动装置安装时，驱动气瓶的支架、框架或箱体应固定牢靠，并做防腐处理；驱动气瓶正面应标明驱动介质的名称和对应防护区或保护对象名称或编号的永久性标志。

4.6.5 气动驱动装置的管道的材质、规格、布置和连接方式应符合设计要求。竖直管道应在其始端和终端设防晃支架或采用管卡固定；水平管道应采用管卡固定，管卡的间距不宜大于 0.6m，转弯处应增设 1 个管卡。管路中单向阀的安装方向要正确。

4.6.6 气动驱动装置的管道安装后应按设计要求做气压严密性试验并合格。

4.7 灭火剂输送管道安装

4.7.1 管道的安装位置应符合设计要求，安装过程中要注意与其他专业（通风空调、电气、装饰等）的协调、配合。

4.7.2 灭火剂输送管道采用无缝钢管，法兰或高压管件连接。

4.7.3 管子宜采用机械切割，切割面不得有飞边、毛刺。

4.7.4 无缝钢管采用法兰连接时，衬垫不得凸入管内，其外边缘宜接近螺栓，不得放双垫或偏垫；连接法兰的螺栓，直径和长度应符合标准，拧紧后，凸出螺母的长度不应大于螺杆直径的 1/2 且保证有不少于 2 条外露螺纹。在管道焊接后应进行内外镀锌防腐处理，镀锌前，对管段进行编号，以利准确复装。

4.7.5 已防腐的无缝钢管不宜采用焊接连接，个别部位需采用法兰焊接时，被焊接损坏的镀锌层应进行防腐处理。

4.7.6 螺纹连接时，管材宜采用机械切割；螺纹不得有缺纹、断纹等现象；密封填料应均匀附着于管道的螺纹部分；拧紧螺纹时，不得将填料挤入管道内；安装后的螺纹根部应有 2～3 条外露螺纹；连接后，应将连接处外部清理干净并做防腐处理。

4.7.7 管道穿过墙壁、楼板处应安装套管。套管公称直径比管道公称直径应至少大 2 级；穿墙套管的长度应和墙体厚度相等；穿过楼板的套管长度应高出地板 50mm。管道与套管间的空隙应采用柔性不燃烧材料填塞密实。管道穿越变形缝时应按设计设置柔性管段。

4.7.8 卤代烷 1301 灭火系统和二氧化碳灭火系统管道的三通管接头的分流出口应水平安装。

4.7.9 管道的坡度、坡向必须符合设计要求。

4.7.10 管道支架、吊架、防晃支架的型式、材质、加工尺寸及焊接质量等应符合设计要求和国家现行有关标准、规范的规定。

4.7.11 管道应固定牢靠，管道支、吊架的最大间距应符合设计要求或表 18-1 的规定。

<table>
<tr><td colspan="11" style="text-align:center">支吊架之间最大间距　　　　　　　　　　　　　　　　表 18-1</td></tr>
<tr><td>DN（mm）</td><td>15</td><td>20</td><td>25</td><td>32</td><td>40</td><td>50</td><td>65</td><td>80</td><td>100</td><td>150</td></tr>
<tr><td>最大间距（m）</td><td>1.5</td><td>1.8</td><td>2.1</td><td>2.4</td><td>2.7</td><td>3.0</td><td>3.4</td><td>3.7</td><td>4.3</td><td>5.2</td></tr>
</table>

4.7.12 管道末端喷嘴处应采用支架固定，支架与喷嘴间的管道长度不应大于 500mm。

4.7.13 公称直径大于或等于 50mm 的主干管道，垂直方向和水平方向至少应各安装一个防晃支架。当穿过建筑物楼层时，每层应设一个防晃支架。当水平管道改变方向时，应设防晃支架。

4.8 灭火剂输送管道试验、吹扫和涂漆

4.8.1 灭火剂输送管道的焊缝应按照相关规范的规定进行射线照相检验或超声波检验。安装完毕后，应进行水压强度试验和水压严密性试验。

4.8.2 试验前，应将不能参与试验的设备隔离，将隔离设施编号并做好记录。待所有试验结束后进行恢复。

4.8.3 高压二氧化碳灭火系统的水压强度试验压力应为 15.0MPa；低压二氧化碳灭火系统的水压强度试验压力应为 4.0MPa。

4.8.4 IG541 混合气体灭火系统的水压强度试验压力应为 13.0MPa。

4.8.5 卤代烷 1301 灭火系统和七氟丙烷灭火系统的水压强度试验压力应为系统最大工作压力的 1.5 倍，系统最大工作压力按表 18-2 取值。

系统储存压力、最大工作压力   表 18-2

系统类别	最大充装密度 (kg/m³)	储存压力 (MPa)	最大工作压力（MPa） (50℃时)
混合气体（IG541） 灭火系统	—	15.0	17.2
	—	20.0	23.2
卤代烷 1301 灭火系统	1125	2.50	3.93
		4.20	5.80
七氟丙烷 灭火系统	1150	2.5	4.2
	1120	4.2	6.7
	1000	5.6	7.2

4.8.6 进行水压强度试验时，以不大于 0.5MPa/s 的升压速率缓慢升至试验压力，保压 5min，检查管道各处无渗漏、无变形为合格。

4.8.7 当水压强度试验条件不具备时，可采用气压强度试验代替。气压强度试验的试验压力：二氧化碳灭火系统取 80％水压强度试验压力，IG541 混合气体灭火系统取 10.5MPa，卤代烷 1301 灭火系统和七氟丙烷灭火系统取 1.15 倍最大工作压力。

4.8.8 气压强度试验前，必须用加压介质进行预试验，预试验压力宜为 0.2MPa。试验时，应逐步缓慢增加压力，当压力升至试验压力的 50％时，如未发现异状或泄漏，继续按试验压力的 10％逐级升压，每级稳压 3min，直至试验压力。保压检查管道各处无变形、无泄漏为合格。

4.8.9 灭火剂输送管道经水压强度试验合格后进行气密性试验；经气压强度试验合格且在试验后未拆卸过的管道可不进行气密性试验。

4.8.10 灭火剂输送管道在水压强度试验合格后，或气密性试验前进行吹扫。吹扫管道可采用压缩空气或氮气。吹扫时，管道末端的气体流速不应小于 20m/s，采用白布检查，直至无铁锈、尘土、水渍及其他脏物出现为合格。

4.8.11 管道气密性试验介质可采用空气或氮气，灭火剂输送管道的试验压力为水压强度试验压力的 2/3，气动管道的试验压力为驱动气体储存压力。试验时，以不大于 0.5MPa/s 的升压速率缓慢升至试验压力，关断试验气源后，3min 内压力降不应超过试验压力的 10％为合格。

4.8.12 灭火剂输送管道的外表面应按设计要求涂色或涂红色油漆。在隐蔽场所内的管道，可涂红色环，色环宽度不应小于 50mm。每个防护区或保护对象的色环应宽度一致，间距均匀。

4.9 喷嘴安装

4.9.1 喷嘴的安装位置、型号、规格和喷孔方向必须符合设计要求。

4.9.2 安装喷嘴宜采用聚四氟乙烯作为密封填料。

4.9.3 安装在吊顶下的不带装饰罩的喷嘴，其连接管管端螺纹不应露出吊顶；安装在吊顶下的带装饰罩的喷嘴，其装饰罩应紧贴吊顶。

4.10 预制灭火系统安装

4.10.1 柜式气体灭火装置、热气溶胶灭火装置等预制灭火系统及其控制器、声光报警器的安装位置应符合设计要求，并固定牢靠。

4.10.2 柜式气体灭火装置、热气溶胶灭火装置等预制灭火系统装置周围空间环境应符合设计要求。

4.11 控制组件安装

4.11.1 灭火控制装置的安装应符合设计要求，防护区内火灾探测器的安装应符合现行《火灾自动报警系统施工及验收规范》GB 50166 的规定。

4.11.2 设置在防护区处的手动、自动转换开关应安装在防护区入口便于操作的部位，安装高度为中心店距地（楼）面 1.5m。

4.11.3 手动启动、停止按钮应安装在防护区入口便于操作的部位，安装高度为中心店距地（楼）面 1.5m；防护区的声光报警装置安装应符合要求，并应安装牢固，不得倾斜。

4.11.4 气体喷放指示灯宜安装在防护区入口的正上方。

4.12 系统调试

4.12.1 气体灭火系统调试应在系统安装完毕，并宜在相关的火灾报警系统和开口自动关闭装置、通风机械和防火阀的联动设备的调试完成后进行。

4.12.2 系统调试前应编制调试方案，调试负责人应由专业技术人员担任，参加调试的人员应职责明确。调试过程中的所有操作必须符合该气体灭火系统的操作规程。

4.12.3 调试时，对所有防护区或保护对象进行系统手动、自动模拟启动试验、模拟喷气试验，并应合格。柜式气体灭火装置、热气溶胶灭火装置等预制灭火系统的模拟喷气试验，宜各取 1 套分别按产品标准中有关联动试验的规定进行试验。设有灭火剂备用量且储存容器连接在同一集流管上的系统进行模拟切换操作试验，并应合格。

4.12.4 手动模拟启动试验方法

1 按下手动启动按钮，观察相关动作信号及联动设备动作是否正常（如：发出声、光报警，启动输出端的负载响应，关闭通风空调、防火阀等）。

2 人工使压力信号反馈装置动作，观察相关防护区门外的气体喷放指示灯是否正常。

4.12.5 自动模拟启动试验方法

1 将灭火控制器的启动输出端与灭火系统相应防护区驱动装置连接。驱动装置应与阀门的动作机构脱离。也可以用一个启动电压、电流与驱动装置的启动电压、电流相同的负载代替。

2 人工模拟火警防护区内任意一个火灾探测器动作，观察单一火警发出信号输出后，相关报警设备动作是否正常（如警铃、蜂鸣器发出报警声等）。

3 人工模拟火警使该防护区内另一个火灾探测器动作，观察复合火警信号输出后，相关动作信号及联动设备动作是否正常（如发出声、光报警，启动输出端的负载，关闭通风空调、防火阀等）。

4.12.6 模拟启动试验结果应符合下列规定：

1 延迟时间与设定时间相符，响应时间满足要求。

2 有关声、光报警信号正确。

3 联动设备动作正确。

4 驱动装置动作可靠。

4.12.7 模拟喷气试验方法

1 IG541 混合气体灭火系统及高压二氧化碳灭火系统应采用其充装的灭火剂进行模拟喷气试验，试验采用的储存容器数应为选定试验的防护区或保护对象设计用量所需容器总数的 5%，且不得少于 1 个。

2 低压二氧化碳灭火系统采用二氧化碳灭火剂进行模拟喷气试验，试验应选定输送管道最长的防护区或保护对象进行，喷放量不应小于设计用量的 10%。

3 卤代烷灭火系统模拟喷气试验不应采用卤代烷灭火剂，可采用氮气或压缩空气。氮气或压缩空气储存容器与被试验的防护区或保护对象用的灭火剂储存容器的结构、型号、规格应相同，连接与控制方式一致，氮气或压缩空气的充装压力按设计要求。氮气或压缩空气储存容器数不应少于灭火剂储存容器数的

20%，且不得少于 1 个。

4 模拟喷气试验宜采用自动启动方式。

4.12.8 模拟喷气试验结果应符合下列规定：

1 延迟时间与设定时间相符，响应时间满足要求。

2 有关声、光报警信号正确。

3 有关控制阀门工作正常。

4 信号反馈装置动作后，气体防护区门外的气体喷放指示灯应工作正常。

5 储存容器间内的设备和对应防护区或保护对象的灭火剂输送管道无明显晃动和机械性损坏。

6 试验气体能喷入被试防护区内或保护对象上，且应能从每个喷嘴喷出。

4.12.9 模拟切换操作试验，按使用说明书的操作方法，将系统使用状态从主用量灭火剂储存容器切换为备用量灭火剂储存容器的使用状态，按本标准4.12.7条、4.12.8条的方法和要求进行模拟喷气试验。

4.13 系统验收

4.13.1 气体灭火系统的竣工验收由建设主管单位组织，建设、公安消防监督机构、设计、施工等单位组成验收组共同进行。施工单位应在验收前向建设单位提交有关的技术资料，并在验收中做好配合工作。

4.13.2 系统验收包括：防护区或保护对象与储存装置间验收；设备和灭火剂输送管道验收；系统功能验收。

4.13.3 系统验收合格后，应将系统恢复到正常工作状态。

5 质量标准

5.1 主控项目

5.1.1 灭火剂输送管道的平面位置、标高和坡度必须符合设计要求。

5.1.2 喷嘴的规格、型号和喷孔方向必须符合设计要求。

5.1.3 管道和系统组件的材质、规格和型号必须符合设计要求。

5.1.4 焊缝检验结果必须符合设计要求。

5.1.5 所有管道及系统组件的强度试验和严密性试验结果必须符合设计要求。

5.1.6 系统模拟启动试验、模拟喷气试验和模拟切换操作试验结果必须符合设计要求。

5.2　一般项目

5.2.1　管道焊缝外观应符合设计要求。

5.2.2　吊架型式、间距、吊架与喷嘴间的距离应符合设计要求。

5.2.3　灭火剂储存容器和驱动气瓶的规格应符合设计要求。

5.2.4　系统组件的铭牌、编号和标志牌应完整、清晰。

5.2.5　灭火剂储存容器和灭火剂输送管道均应按设计要求或规范规定进行涂漆。其他的系统组件和附件应按规范的要求进行防腐处理。

6　成品保护

6.0.1　所有相关人员应熟悉系统的操作规程，了解系统的组成、工作原理和运行程序，防止不当操作引发意外事故。

6.0.2　灭火剂储存容器和驱动气瓶的手动启动装置的保险装置应完好、可靠。

6.0.3　系统（包括火灾自动报警系统、防排烟系统）的所有标识应准确、完整、清晰。

6.0.4　已安装好的管道、组件及其支架、框架不得作为其他用途的受力点。

6.0.5　加强现场管理，对系统采取可靠的保护措施，防止系统组件和零部件损坏或丢失。

7　注意事项

7.1　应注意的质量问题

7.1.1　选择阀未标明介质流向时，安装时应仔细阅读产品说明书，对照实物，确定正确的安装方向，且安装时必须处于关闭状态。

7.1.2　安装人员应熟悉气动管路的流程，避免气动驱动管路安装错误。

7.1.3　喷嘴的喷孔方向必须符合设计要求，不得任意安装。

7.1.4　管道系统必须确认吹扫干净，以免喷嘴堵塞。

7.2　应注意的安全问题

7.2.1　安装过程中，灭火剂贮存容器、启动气体容器的保险装置应完好、可靠，防止造成误喷射伤人。

7.2.2 吊装、搬运灭火剂贮存容器时，应轻搬轻放，防止人员挤伤、压伤。

7.2.3 调试时，应采取可靠的安全措施，避免灭火剂误喷射。防护区的门窗应全部打开，以便在误喷射发生时，灭火气体能尽快扩散，人员能及时撤离。

7.2.4 气压试验时必须采取有效、可靠的安全措施。

7.2.5 对焊缝使用射线进行无损检测时，必须划定安全区域，设置警戒线，严禁无关人员进入。

7.3 应注意的绿色施工问题

7.3.1 在有噪声限制要求的环境施工时，应对噪声进行有效控制。

7.3.2 施工产生的废料应回收或按有关规定合理处置。

7.3.3 管道的试压、冲洗废水应排放到规定的地方。

8 质量记录

8.0.1 材料、设备和系统组件的产品出厂合格证、生产厂的生产许可证和有关机构出具的检验报告。

8.0.2 灭火剂储存容器检查记录。

8.0.3 选择阀、液体单向阀、高压软管、气体单向阀、组合分配系统集流管试验记录。

8.0.4 灭火剂输送管道试验记录。

8.0.5 施工现场质量管理检查记录。

8.0.6 气体灭火系统工程施工过程检查记录。

8.0.7 隐蔽工程验收记录。

8.0.8 气体灭火系统工程质量控制资料核查记录。

8.0.9 气体灭火系统工程质量验收记录。

第19章 石棉水泥打口连接的建筑给水铸铁管道安装

本工艺标准适用于民用和一般工业建筑的石棉水泥打口连接方式的给水铸铁管道安装工程。

1 引用标准

《建筑给水排水及采暖工程施工质量验收规范》GB 50242—2002

《建筑给水金属管道工程技术规程》CJJ/T 154—2011

2 术语（略）

3 施工准备

3.1 作业条件

3.1.1 施工图和设计文件已齐全，已进行技术交底。

3.1.2 施工组织设计或施工方案已经批准。

3.1.3 施工人员已经专业培训。

3.1.4 施工场地的用水、用电、材料储放场地等临时设施能满足要求。

3.1.5 地下管道敷设前房心土必须回填夯实后挖到管底标高，沿管线敷设位置清理干净，管道穿墙处已留管洞或安装套管，坐标、标高正确。

3.1.6 暗装管道在地沟未盖沟盖或吊顶未封闭前进行安装，其型钢支架均已安装完毕并符合要求。

3.1.7 明装托、吊干管安装必须在安装层的结构顶板完成后进行。沿管线安装位置的模板及杂物已清理干净，托吊卡件均已安装牢固，位置正确。

3.1.8 立管安装在主体结构完成后进行。高层建筑在主体结构达到安装条件后，适当插入进行。每层均应标有明确的标高线，安装竖井管道时，应把竖井内的模板及杂物清除干净，并有防坠落措施。

3.1.9 支管安装应在墙体砌筑完毕，墙面未装修前进行（包括安装支管）。

3.2 材料及机具

3.2.1 石棉应采用 4 级或 5 级石棉绒，每个接口需用石棉绒质量为 0.61kg；

3.2.2 油麻是用线麻在 5％的 30 号石油沥青和 95％的汽油溶剂中浸泡后风干而成的。每个接口需用油麻质量为 0.33kg；

3.2.3 水泥应采用不低于 425♯的硅酸盐水泥，每个接口需用水泥质量为 1.41kg；

3.2.4 机具：捻口的工具主要是捻凿和手锤。捻凿是打麻及捣实填料用的工具，分麻凿和灰凿两种，用工具钢制成；手锤常采用 2.5 磅、3 磅或 4 磅的。

4 操作工艺

4.1 工艺流程

安装准备 → 承插口组对 → 接口打麻 → 拌和填料 → 打口 → 接口养护

4.2 安装准备

根据施工方案确定的施工方法和技术交底的具体措施做好准备工作。

4.2.1 铸铁管裂纹的检查

1 将铸铁管一端支起，支点位置在管子长度的 1/3 处，用手锤轻敲听声音，若发出的是清脆声音，证明管子没有裂纹，若发出的是破裂声音，证明管子有裂纹。

2 当一端检查完毕，同样再把另一端支起，采用同样方法检查。

3 对发现裂纹部位视情况进行补焊或截断，完好部分可以继续使用。

4.2.2 铸造缺陷的检查

1 由于铸铁管在出厂前仅是按百分率抽检，因此在安装前必须对铸造缺陷进行检查。

2 主要检查内容是铸造缩口、砂眼、结疤等缺陷。

3 当发现有问题时，应采取水压试验法检验，确认无问题后方可使用。

4.2.3 管口的清理

1 由于铸铁管在出厂前均涂有沥青漆，针对铸铁管的承口端、插口端的沥青均要除掉，不然难以保证接口的质量。

2　除掉沥青的方法有两种。一种是用喷灯将沥青烧掉，但这种方法效率低，故一般不采用。一般采用氧-乙炔焰将沥青烧掉，此法效率高，但要注意不可使铸铁管温度过高。

3　在沥青烧掉之后，用钢丝刷除去杂质，并把承插部位的铸瘤、粘砂、毛刺等一起铲除清平，这样才能保证填充材料与承插口的良好结合。

4.3　**承插口的组对**

4.3.1　将处理好的管子插口的一端插入另一根合格的管子承口之中。

4.3.2　用定尺标记的办法，调整插口的插入深度，保证对口的最小轴向间隙为 6mm。承插口环形空间标准宽度为 10mm，一般在 9～15mm 范围内均为合格。

4.3.3　用特制的钢钎插入承插口之间，把承插口环形间隙调匀，以使管道平直和便于填塞填料。

4.4　**接口打麻**

4.4.1　接口在打口前，要先在管子承插间隙内打上油麻。

4.4.2　DN300mm 铸铁管的承口深度一般为 105mm，填麻深度约为承口深度的 1/3，接近 40mm，则水泥打口深度为 65mm。

4.4.3　将油麻拧成直径为接口间隙 1.5 倍的麻辫，其长度应比管外径周长长 100～150mm，使油麻辫由接口下方开始逐渐塞入承插口间隙内，且每圈首尾搭接 50～100mm。一般嵌塞油麻辫 2 圈，并依次用麻凿打实。

4.5　**填料的拌和**

4.5.1　石棉水泥接口的材料质量配合比为石棉：水泥＝3：7。按此配比投料并将其搅拌均匀后，再加入总质量 10％～12％的水，揉成潮湿状态，能以手捏成团而不松散，扔在地上即散为合适。

4.5.2　注意湿的石棉水泥存放的时间不能超过 1h，而干拌和的石棉水泥的存放时间也不能超过 2 周。

4.6　**接口的养护**

4.6.1　接口的养护工作至关重要，对打好的石棉水泥口要养护 48h 以上。

4.6.2　当接口打完后，可以用湿泥糊在接口上，然后覆盖一层土进行养护。夏季可用水浇在覆土上，使其保持湿润，冬季糊在接口的湿泥要用加进盐的水拌和，并在湿泥上面覆盖一层防冻土层，且不得浇水。

5 质量标准

5.0.1 隐蔽管道和给水系统的水压试验结果必须符合设计要求和施工质量验收规范规定。

5.0.2 给水系统竣工后或交付使用前，必须进行通水试验并做好记录。

5.0.3 室内直埋给水管道（塑料管道和复合管道除外）应做好防腐处理。埋地管道防腐层材质和结构应符合设计要求。

5.0.4 金属管道的承插和套箍接口结构及所有填料符合设计要求，灰口密实饱满，胶圈接口平直无扭曲，对口间隙准确，环缝间隙均匀，灰口平整、光滑，养护良好。

6 成品保护

6.0.1 安装好的管道不得用作支撑或放脚手板，不得踏压，其支托架不得作为其他用途的受力点。

6.0.2 中断施工时，管口一定要做好临时封闭工作。

6.0.3 管道在土建喷浆前要加以保护，防止灰浆污染管道。

7 注意事项

7.0.1 每个石棉水泥接口要一次打完，不得间断。

7.0.2 接口需养护 24h 以上，方可通水进行压力试验。

7.0.3 当气温较低时，为了保证接口的施工质量，可以在石棉水泥中加入 $2\%\sim3\%$ 的 $CaCl_2$ 作为快干剂。

7.0.4 当遇有地下水情况时，接口处应涂抹沥青防腐层。

7.0.5 大管径铸铁管接口时，为缩短捻口操作时间，可由 2 人在左右同时操作。

7.0.6 渗漏超过 50%，则应全部剔掉，重新捻口。

8 质量记录

8.0.1 材料出厂合格证和材质证明书。

8.0.2 给水管道单项试压记录。

8.0.3 给水管道隐蔽工程检查验收记录。

8.0.4 给水管道系统试压记录。

8.0.5 给水管道系统冲洗记录。

8.0.6 给水管道系统通水记录。

8.0.7 分部、子分部、分项工程、检验批质量验收记录。

第 20 章　承插式橡胶圈连接给水铸铁管道安装

本工艺标准适用于民用和一般工业建筑的橡胶圈承插式柔性连接方式的给水铸铁管道安装工程。

1　引用标准

《建筑给水排水及采暖工程施工质量验收规范》GB 50242—2002
《建筑给水金属管道工程技术规程》CJJ/T 154—2011

2　术语（略）

3　施工准备

3.1　作业条件

3.1.1　施工图和设计文件已齐全，已进行技术交底。

3.1.2　施工组织设计或施工方案已经批准。

3.1.3　施工人员已经专业培训。

3.1.4　施工场地的用水、用电、材料储放场地等临时设施能满足要求。

3.1.5　地下管道敷设前房心土必须回填夯实后挖到管底标高，沿管线敷设位置清理干净，管道穿墙处已留管洞或安装套管，坐标、标高正确。

3.1.6　暗装管道在地沟未盖沟盖或吊顶未封闭前进行安装，其型钢支架均已安装完毕并符合要求。

3.2　材料及机具

砂轮机、台钻、电锤、套丝机、电焊机、扳手、线坠、水平尺、钢卷尺等。

4　操作工艺

4.1　工艺流程

安装准备 → 清理承口插口 → 清理胶圈 → 上胶圈 → 排管 →

在插口外表和胶圈上刷润滑剂 → 顶推管子使之插入承口 → 管件安装 → 检查

4.2　安装准备

根据施工方案确定的施工方法和技术交底的具体措施做好准备工作。

4.3　清理承口插口

清刷承口，铲去所有粘结物，如砂子、泥土和松散土涂层及可能污染水质、划破胶圈的附着物。

插口端是圆角并有一定锥度，在胶圈内表面和插口外表涂刷润滑剂（洗涤灵），润滑剂均匀刷在承口内已安装好的橡胶圈表面，在插口外表面刷润滑剂刷到插口坡口处。

4.4　下管

在沟槽检底后，经核对管节、管件位置无误后立即下管。下管时注意承口方向保持与管道安装方向一致，同时在各接口处掏挖工作坑，工作坑大小为方便管道撞口安装为宜。

4.5　清理胶圈

4.5.1　将胶圈清理洁净，上胶圈时，使胶圈弯成心形或花形放在承口槽内就位，并用手压实，确保各个部位不翘不扭。胶圈存放注意避光，不要叠合挤压，长期贮存在盒子里面，或用其他东西罩上。

4.5.2　将承口内腔及插口端外表面的泥砂及其他异物清理干净。用棉纱或布片、钢丝刷、弯头起子将承口仔细清理干净。用刮刀。钢丝刷及棉纱将插口清洗干净。

4.6　上胶圈

4.6.1　将胶圈清理干净，然后捏成心脏形或"8"字形。

4.6.2　将橡胶圈放进承口端。

4.6.3　拉起胶圈对称的一面，然后同时挤压，将胶圈压到位。

4.6.4　检查胶圈是否到位，若到位则抹上润滑剂（如浓皂水），若不到位则重新安装。

4.6.5　在距离端面 $100\sim110mm$ 插口外表面涂上润滑剂（如浓皂水）。油类对橡胶圈有不良影响，应绝对禁止使用油类物质润滑。

4.7　顶推管子使之插入承口

在安装时，为了将插口插入承口内较为省力、顺利。首先将插口放入承口内且插口压到承口内的胶圈上，接好钢丝绳和倒链，拉紧倒链；与此同时，让人可在管承口端用力左右摇晃管子，直到插口插入承口全部到位，承口与插口之间应留 2mm 左右的间隙，并保证承口四周外沿至胶圈的距离一致。

4.8 管件安装

由于管件自身重量较轻，在安装时采用单根钢丝绳时，容易使管件方向偏转，导致橡胶圈被挤，不能安装到位。因此，可采用双倒链平行用力的方法使管件平行安装，胶圈不致被挤。也可采用加长管件的办法，用单根钢丝进行安装。

4.9 检查

第一节管与第二节管安装要准确，管子承口朝来水方向。安完第一节管后，用钢丝绳和手板葫芦将它锁住，以防止脱口。安装后，检查插口推入承口的位置是否符合要求，用探尺插入承插口间隙中检查胶圈位置是否正确，并检查胶圈是否撞匀。

4.10 安装注意事项

4.10.1 管子需要截短时，插口端加工成坡口形状，割管必须用球墨铸铁管专用切割机，严禁采用气焊。

4.10.2 上胶圈之前注意，不能把润滑剂刷在承口内表面，不然会导致接口失败。

4.11 水压试验

4.11.1 进行水压实验应统一指挥，明确分工，对后背、支墩、接口、排气阀等都应规定专人负责检查，并明确规定发现问题时的联络信号。

4.11.2 管道接口完成后，用短管甲、短管乙及盲板将试压管段两端及三通处封闭，试压管段除接口外填土至管顶以上 500mm 并夯实。做好后背及闸门、三通等管件加固。由低点进水，高点排气，注满水后浸泡 24h 后，在试验压力下 10min 降压不大于 0.05MPa 时，为合格。

4.11.3 水压试验应逐步升压，每次升压以 0.2MPa 为宜，每次升压以后，稳压检查没有问题时再继续升压。

4.11.4 冬季进行水压时应采取防冻措施。可将管道回填土适当加高，用多层草帘将暴露的接口包严；对串水及试压临时管线缠包保温，不用水时及时放空。

4.11.5 水压实验时，后背、支撑、管端等附近不得站人，检查应在停止升压时进行。

4.12　冲洗、消毒

4.12.1　管道冲洗前应制定冲洗方案，管道冲洗时流量不应小于设计流量或不小于 1.5m/s 的流速。冲洗时应连续进行，当排出口的水色透明度与入口处目测一致时即为合格。

4.12.2　冲洗时间应安排在用水量较小、水压偏高的夜间进行。选好排放地点，确保排水路线畅通，排水管截面不得小于被冲洗管的 1/2。

5　质量标准

5.0.1　橡胶圈接口的管道，每个接口的最大偏转角不得超过表 20-1 的规定：

橡胶圈接口管道接口最大偏转角　　　　　　　表 20-1

公称直径（mm）	100	125	150	200	250	300	350	400
允许偏转角度	50	50	50	50	40	40	40	30

5.0.2　管道安装允许偏差见表 20-2。

管道安装允许偏差　　　　　　　表 20-2

项目	允许偏差	检测频率	工序
槽底高程（mm）	15	10m 一点	开槽
砂垫高程（mm）	5	10m 两点	砂垫层
对口高程（mm）	±5	10m 两点	管道安装
对口中线高程（mm）	±20	5m 一点	管道安装
稳压 50min 压力降（MPa）	0.1	每口一次	水压试验
覆土半年后竖向变位（mm）	—	每口两次	检测
覆土 15d 竖向变位（mm）	—	每口两次	检测
轴线位置	30	10m 一点	管道安装

6　成品保护

6.0.1　安装好的管道不得用作支撑或放脚手板，不得踏压，其支托架不得作为其他用途的受力点。

215

6.0.2 中断施工时，管口一定要做好临时封闭工作。

7 注意事项

7.0.1 检查胶圈周围的密实度和变形情况，对于变形不均匀和承插过程中损坏的胶圈必须重新更换。

7.0.2 要求管子插入方向应朝向已连结的一方，承插方向和流水方向一致，并及时封闭三通旁路等管口。

7.0.3 胶圈和管口可以用肥皂水润滑。

7.0.4 管子的水平度和平直度要符合施工图和规范要求和标准。

7.0.5 回填土时，管子两端支撑，且应在管子两侧同时进行，防止将管子挤偏，注意边填边夯。

7.0.6 当管子需截短后再安装时，插口端应加工成坡口形状。

7.0.7 在弯曲段利用管道接口的借转角安装时，应先将管子沿直线安装，然后再转至要求的角度。在安装过程中须在弧的外侧用小木块将已铺好的管身撑稳，以免位移。

7.0.8 安装过程中，定管、动管轴心线要在一条直线上，否则容易将胶圈顶出，影响安装的质量和速度。

7.0.9 管道安装要平，管子之间应成直线，遇有倾斜角时，要小心。将连接管道的接口对准承口，若插入阻力过大，切勿强行插入，以防橡胶圈扭曲。

7.0.10 管道安装和铺设工程中断时，应用其盖堵将管口封闭，防止土砂等杂物流入管道内。

7.0.11 试压前应在每根管子的中间部位适当的覆土。

7.0.12 炎热的夏季，润滑油宜用植物油；寒冷的冬季，橡胶圈可用热水预热，以减少硬度，迅速安装。

7.0.13 三通、弯头必须做混凝土支墩。

8 质量记录

8.0.1 材料出厂合格证和材质证明书。

8.0.2 给水管道单项试压记录。

8.0.3 给水管道隐蔽工程检查验收记录。

8.0.4 给水管道系统试压记录。

8.0.5 给水管道系统冲洗记录。

8.0.6 给水管道系统通水记录。

8.0.7 分部、子分部、分项工程、检验批质量验收记录。

第21章 建筑中水系统安装

本工艺标准适用于民用建筑和一般工业建筑的中水系统施工。

1 引用标准

《建筑给水排水及采暖工程施工质量验收规范》GB 50242—2002
《建筑给水金属管道工程技术规程》CJJ/T 154—2011

2 术语（略）

3 施工准备

3.1 作业条件

3.1.1 施工图和设计文件已齐全，已进行技术交底。

3.1.2 施工组织设计或施工方案已经批准。

3.1.3 施工人员已经专业培训。

3.1.4 施工场地的用水、用电、材料储放场地等临时设施能满足要求。

3.1.5 地下管道敷设前房心土必须回填夯实后挖到管底标高，沿管线敷设位置清理干净，管道穿墙处已留管洞或安装套管，坐标、标高正确。

3.1.6 暗装管道在地沟未盖沟盖或吊顶未封闭前进行安装，其型钢支架均已安装完毕并符合要求。

3.1.7 明装托、吊干管安装必须在安装层的结构顶板完成后进行。沿管线安装位置的模板及杂物已清理干净，托吊卡件均已安装牢固，位置正确。

3.1.8 立管安装在主体结构完成后进行。高层建筑在主体结构达到安装条件后，适当插入进行。每层均应标有明确的标高线，安装竖井管道时，应把竖井内的模板及杂物清除干净，并有防坠落措施。

3.1.9 支管安装应在墙体砌筑完毕，墙面未装修前进行（包括安装支管）。

3.2　材料及机具

3.2.1　工程所用的主要材料、成品、半成品、配件、器具和设备必须具有中文质量合格证明文件，规格、型号及性能检测报告应符合国家技术标准或设计要求。进场时应完好，并经材料管理员和监理工程师核查确认。

3.2.2　所有材料进场时应对品种、规格、外观等进行验收。包装应完好，表面无划痕及外力冲击破损。包装上应标有批号、数量、生产日期和检验代码。

3.2.3　主要器具和设备必须有完整的安装使用说明书。在运输、保管和施工过程中，应采取有效措施防止损坏或腐蚀。

3.2.4　阀门的规格型号应符合设计要求，阀体表面光洁，无裂纹，开关灵活，关闭严密，填料密封完好无渗漏，手轮完整无损坏，有产品质量证明书或出厂合格证。

3.2.5　机具：套丝机、砂轮锯、台钻、电锤、手电钻、电焊机、直流电焊机、氩弧焊机、薄壁不锈钢管压式连接专用挤压工具、电动试压泵、套丝扳、管钳、压力钳、手锯、手锤、活扳手、煨弯器、手压泵、扳边器、橡皮锤、调直器、锉刀、捻凿、断管器、六角量规、普通量规、水平尺、线坠、钢卷尺、钢板尺、法兰角尺等。

3.3　人员准备

主要工种：管道工、钳工、电焊工、气焊工、起重工、机械操作工、油漆工、保温工等，各工种皆需持证上岗，特殊工种上岗还应持安全操作证、职业健康证等。

4　操作工艺

4.1　工艺流程

建筑中水系统安装包括中水原水管道系统的安装、水处理设备安装及中水供水系统安装。其安装工艺流程如图 21-1。

4.2　安装准备

根据施工方案确定的施工方法和技术交底的具体措施做好准备工作。参看有关专业设备图纸和土建施工图，核对各种管道的坐标、标高是否交叉，管道排列空间是否合理。

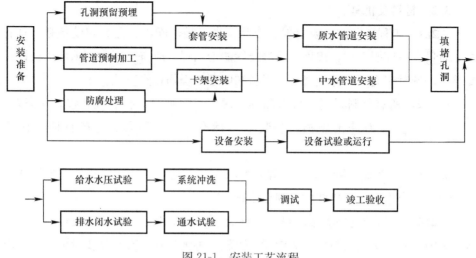

图 21-1　安装工艺流程

4.3　中水原水管道系统安装注意事项

4.3.1　中水原水管带系统宜采用分流集水系统，以便于选择污染较轻的原水，简化处理流程和设备，降低处理经费。

4.3.2　便器与细雨设备应分设或分侧布置，以便于单独设置支管、立管，有利于分流集水。

4.3.3　污废水支管不宜交叉，以免横支管标高降低过多，影响室外管线及污水处理设备的标高。

4.3.4　室内外原水管道及附属构筑物均应防渗漏，井盖应做"中"字标志。

4.3.5　中水原水系统应设分流、溢流设施和跨越管，其标高及坡度应能满足排放要求。

4.4　中水供水系统安装注意事项

中水供水系统是给水供水系统的一个特殊部分，所以其供水方式与给水系统相同。主要依靠最后处理设备的余压供水系统、水泵加压供水系统和气罐供水系统等。

4.4.1　中水供水系统必须单独设置。中水供水管道严禁与生活饮用水给水管道连接，并采取下列措施：

1　中水管道及设备、受水器等外壁应涂浅绿色标志；

2　中水池（箱）、阀门、水表及给水栓均应有"中水"标志。

4.4.2　中水管道不宜暗装于墙体和楼板内。如必须暗装于墙槽内时，必须在管道上有明显不会脱落的标志。

4.4.3 中水管道与生活饮用水管道、排水管道平行埋设时，其水平净距离不得小于0.5m，交叉敷设时，中水管道应位于生活饮用水管道下面，排水管道的上面，其净距离不应小于0.15m。

4.4.4 中水管道不得装设取水水嘴。便器冲洗宜采用密闭型设备和器具。绿化、浇洒、汽车冲洗宜采用壁式或地下式的给水栓。

4.4.5 中水高位水箱应与生活高位水箱分设在不同的房间内，如条件不允许只能设在同一房间内，与生活高位水箱的净距离应大于2m。止回阀安装位置和方向应正确，阀门启闭应灵活。

4.4.6 中水供水系统的溢流管、泄水管均应采取间接排水方式排出，溢流管应设隔网。

4.4.7 中水供水管道应考虑排空的可能性，以便维修。

4.4.8 为确保中水系统的安全，试压验收要求不低于生活饮用给水管道。

4.4.9 原水处理设备安装后，应经试运行检测中水水质符合国家标准后，方办理验收手续。

4.5　管道试压

4.5.1 管道试压一般分单项试压和系统试压两种。单项试压是在干管铺设完或隐蔽部位的管道安装完毕，按设计要求进行水压试验；系统试压是在全部干、立、支管安装完毕，按设计要求进行水压试验，水压试验范围的划分应与检验批相对应。

4.5.2 管道水压试验，当设计无规定时，各种材质的给水管道系统试验压力均为工作压力的1.5倍，但不得小于0.6MPa。管道系统在试验压力下观测10min，压力降应不大于0.02MPa，然后降至工作压力检查，无渗漏为合格。

4.5.3 热水供应系统安装完毕，管道保温之前应进行水压试验。当设计无规定时，热水供应系统水压试验压力应为系统顶点的工作压力加0.1MPa，同时在系统顶点的试验压力不小于0.3MPa。管道系统在试验压力下10min内压力降不大于0.02MPa，然后降至工作压力检查，压力应不下降，且无渗漏。

4.5.4 连接试压泵一般设在首层或室外管道入口处。试验压力以系统最低处为准。使用的压力表精度不应低于1.6级，量程应在压力试验压力的1.5～2倍，且在合格的检定周期内。

4.5.5 试压前应将预留口堵严，关闭入口总阀门、所有泄水阀门和低处放风阀门，打开各分路及主管阀门和系统最高处的放风阀门。

4.5.6 打开水源阀门，往系统内充水，满水后排净空气，并将阀门关闭。

4.5.7 检查全部系统，如有漏水处应做好标记，并进行处理，修好后再充满水进行加压；如管道不渗漏，并持续到规定时间，压力降在允许范围内，应通知有关人员验收并办理交接手续。最后把水泄净。

4.5.8 冬期施工期间竣工而又不能及时供暖的工程进行系统试压时，必须采取可靠措施把水泄净，以防冻坏管道和设备。

4.6 管道系统冲洗

管道在试压合格后或交付使用前进行冲洗。冲洗时，以系统内可能达到的最大压力和流量进行连续冲洗，以出口处的水色和透明度与入口处目测一致未合格。冲洗合格后办理验收手续。

4.7 管道防腐和保温

4.7.1 管道防腐：给水管道铺设与安装的防腐均按设计要求及国家验收规范施工。所有型钢支架及管道镀锌层破损处和外露丝扣要补刷防锈漆。

4.7.2 管道保温：给水管道的保温有管道防冻保温、管道防热损失保温和管道防结露保温三种形式，其保温材质及厚度均按设计要求。

5 质量标准

5.1 一般规定

5.1.1 中水系统中原水管道管材及配件要求按本工艺标准排水部分执行。

5.1.2 中水系统给水管道及排水管道检验标准按给水、排水两章规定执行。

5.2 主控项目

5.2.1 中高位水箱应与生活高位水箱分设在不同的房间内，如条件不允许只能设在同一房间时，与高位水箱的净距离应大于 2m。

检验方法：观察和尺量检查。

5.2.2 中水管道不得装设取水水嘴。便器冲洗宜采用密闭型设备和器具。绿化、浇洒、汽车冲洗宜采用壁式或地下式的给水栓。

检验方法：观察检查

5.2.3 中水供水管道严禁与生活饮用水管道连接，并应采取下列措施：

1 中水管道外壁应涂浅绿色标志；

2 中水池（箱）、阀门、水表及给水栓均应有"中水"标志。

检验方法：观察检查。

5.2.4 中水管道不宜暗装于墙体和楼板内。如必须暗装于墙槽内时，必须在管道上有明显不会脱落的标志。

检验方法：观察检查。

5.3　一般项目

5.3.1 中水给水管道管材及配件应采用耐腐蚀的给水管管材及附件。

检验方法：观察检查。

5.3.2 中水管道与生活饮用水管道、排水管道平行埋设时，其水平净距离不得小于 0.5m；交叉埋设时，中水管道应位于生活饮用水管道下面，排水管道的上面，其净距离不应小于 0.15m。

检验方法：观察和尺量检查。

6　成品保护

6.0.1 水压试验合格后应从引入管上安装泄水阀，排空管道内试压用水防止越冬施工时冻裂管道。地下管道施工间断时，甩至地面上的立管敞口及阀门，临时进行封堵。立管预制管段，应妥善保管，防止丝头及管件损坏。给水立管及支管安装完成后不得在上绑扎和用来固定其他物件。给水立管及支管、临时间断敞口处，应及时可靠地做好封堵防止砂浆及杂物落入。

6.0.2 当土建进行抹灰、装饰作业时，对水表、阀门等应加以覆盖，防止污染损坏玻璃罩。

6.0.3 其他管道系统采用金属管道时，聚丙烯管道应布置在金属管道的内侧。

6.0.4 管道系统安装过程中的开口处应及时封堵。产品如有损坏，应及时更换，不得隐蔽。

6.0.5 直埋暗管隐蔽后，在墙面或地面标明暗管的位置和走向；严禁在管位处冲击或钉金属钉等尖锐物体。

6.0.6 明火及热源应远离安装完毕的管道。

7　注意事项

7.0.1 施工地点应整洁、设备、材料、废料按指定地点堆放，并按指定道路行走，不准从危险地区通行，不准从起吊物下通过，与运转中机械保持距离。

7.0.2 电动套死机套丝时，应专人使用。操作者应熟知机具性能，机具应有良好绝缘装置，防止事故发生。

7.0.3 运输吊装管子时，应注意不要与裸露的电线接触，防止触电。

7.0.4 登高作业时，下面应有人扶牢梯凳，做好监护，并戴好安全帽，不准往上或往下抛东西。

7.0.5 高层安装管道支架或敷设管道施工施工作业时应搭好施工作业脚手架，确保施工作业的稳定性。

7.0.6 用电工具接电时，应由专职电工接电，不得私自乱接乱拉。

7.0.7 管道连接使用热熔机具时，应遵守电器工具安全操作规程，应注意防潮和脏物污染。

7.0.8 操作现场不得有明火，严禁对建筑给水聚丙烯管材进行明火烘弯。

7.0.9 管道的冲洗和消毒废液应采取一定的处理措施后排放至指定地点，防止污染环境。

7.0.10 施工现场禁止吸烟。

8 质量记录

8.0.1 设备基础交接验收记录；

8.0.2 设备、材料进场验收检查记录；

8.0.3 管道焊接检验记录；

8.0.4 管道支、吊架安装记录；

8.0.5 钢管伸缩器预拉伸安装记录；

8.0.6 塑料排水管伸缩器预留伸缩量记录；

8.0.7 阀门及散热器安装前水压试验记录；

8.0.8 建筑中水系统管道及辅助设备安装工程检验批质量验收记录；

8.0.9 建筑中水系统管道及辅助设备安装分项工程质量验收记录；

8.0.10 建筑中水系统及游泳池水系统安装子分部工程质量验收记录；

8.0.11 系统水压试验及调试分项工程质量验收记录。

第 22 章　游泳池及公共浴室水系统安装

本工艺标准适用于民用建筑群（住宅区）的游泳池水系统和公共浴室水系统的安装工程。

1　引用标准

《游泳池给水排水工程技术规程》CJJ 122—2017

《建筑给水排水及采暖工程施工质量验收规范》GB 50242—2002

《建筑工程施工质量验收统一标准》GB 50300—2013

2　术语（略）

3　施工准备

3.1　作业条件

3.1.1　施工图和设计文件已齐全，已进行技术交底。

3.1.2　施工组织设计或施工方案已经批准。

3.1.3　施工人员已经专业培训。

3.1.4　施工场地的用水、用电、材料储放场地等临时设施能满足要求。

3.1.5　地下管道敷设前房心土必须回填夯实后挖到管底标高，沿管线敷设位置清理干净，管道穿墙处已留管洞或安装套管，坐标、标高正确。

3.1.6　暗装管道在地沟未盖沟盖或吊顶未封闭前进行安装，其型钢支架均已安装完毕并符合要求。

3.1.7　明装托、吊干管安装必须在安装层的结构顶板完成后进行。沿管线安装位置的模板及杂物已清理干净，托吊卡件均已安装牢固，位置正确。

3.1.8　立管安装在主体结构完成后进行。高层建筑在主体结构达到安装条件后，适当插入进行。每层均应标有明确的标高线，安装竖井管道时，应把竖井

225

内的模板及杂物清除干净，并有防坠落措施。

3.1.9 支管安装应在墙体砌筑完毕，墙面未装修前进行（包括安装支管）。

3.2 材料及机具

3.2.1 镀锌碳素钢管及管件的规格种类应符合设计要求，管壁内外镀锌均匀，无锈蚀、无飞刺。管件无偏扣、乱扣、丝扣不全或角度不准等现象。管材应有产品质量证明书。

3.2.2 紫铜管、黄铜管及管件的规格种类应符合设计要求，管壁内外表面应光洁，无针孔、裂纹、起皮、结疤和分层。黄铜管不得有绿锈和严重脱锌。

紫铜管、黄铜管道的外表面缺陷允许度规定如下：纵向划痕深度，壁厚≤2mm时，不大于0.04mm；壁厚>2mm时，不大于0.05mm。横向的凹入深度或凸出高度不大于0.35mm。疤块、起泡、碰伤或凹坑，其深度不超过0.03mm，最大尺寸不应大于管子周长的5%。管材应有产品质量证明书和出厂合格证。

3.2.3 铸铁给水管及管件的规格应符合设计压力要求，管壁薄厚均匀，内外光洁，不得有砂眼、裂纹、毛刺和疤块；承口的内外径及管件应造型规矩，管内外表面的防腐涂层应整洁均匀，附着牢固。管材应有产品质量证明书或出厂合格证。

3.2.4 水表的规格应符合设计要求并具有市场准入证，热水系统用符合温度要求的热水表。表壳铸造规矩，无砂眼、裂纹，表玻璃盖无损坏，铅封完整，有出厂合格证。

3.2.5 阀门的规格型号应符合设计要求，阀体表面光洁，无裂纹、开关灵活，关闭严密，填料密封完好无渗漏，手轮完整无损坏，有产品质量证明书或出厂合格证。

3.2.6 游泳池的给水口、回水口、泄水口应采用耐腐蚀的铜、不锈钢、塑料等材料制造。溢流槽格栅应为耐腐蚀材料制造并为组装型。游泳池的毛发聚集器应采用铜或不锈钢等耐腐蚀材料制造。过滤筒（网）的孔径应不大于3mm，其面积为连接管截面积的1.5～2倍。

3.2.7 游泳池循环水系统加药（混凝剂）的药品溶解池、溶液池及定量投加设备应采用耐腐蚀材料制作。输送溶液的管道采用塑料管、胶管或铜管。

3.2.8 游泳池的浸脚、浸腰消毒池的给水管、投药管、溢流管、循环管和泄水管应采用耐腐蚀材料制成。

3.3　作业人员要求

主要工作人员：管道工、钳工、电焊工、气焊工、起重工、机械操作工、油漆工、保温工等，各工种皆需持证上岗，特殊工种上岗还应持有安全操作证、职业健康证等。

3.4　主要机具

3.4.1　机械：套丝机、砂轮锯、台钻、电锤、手电钻、电焊机、电动试压泵等。

3.4.2　工具：套丝板、管钳、压力钳、手锯、手锤、活扳手、链钳、煨弯器、手压泵、捻凿、大锤、断管器等。

3.4.3　其他：水平尺、线坠、钢卷尺、小线、压力表等。

4　操作工艺

4.1　工艺流程

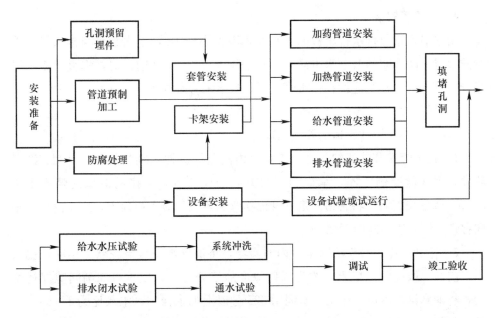

游泳池水系统包括给水系统、排水系统及附属装置，另外还有跳水制波系统。游泳池给水系统分直流式给水系统、直流净化给水系统、循环净化给水系统三种，一般采用循环净化给水系统。循环净化给水系统包括充水管、补水管循环

水管和循环水泵、预净化装置（毛发聚集器）、净化加药装置、过滤装置（压力式过滤器等）、压力式过滤器反冲洗装置、消毒装置、水加热系统。

4.2 安装准备

认真熟悉图纸，根据施工方案决定的施工方法和技术交底的具体措施做好准备工作。参看有关专业设备图和装修建筑图，核对各种管道的坐标、标高是否有交叉，管道排列所用空间是否合理。有问题及时与设计和有关人员研究解决，办好变更洽商记录。

4.3 预制加工

4.3.1 管道安装先按系统、分段进行加工预制。按设计图纸画出管道分路、变径、预留管口、阀门位置等施工草图，在实际安装的结构位置做上标记，按标记分段量出实际安装的准确尺寸，记录在施工草图上，然后按草图测得的尺寸预制加工（断管、套丝、上零件、调直、校正），按管段分组编号组合。组合件的尺寸应考虑运输的方便。

4.3.2 给水管道必须采用与管材相适应的管件。

4.4 干管安装

给水引入管与排水排出管的水平净距不得小于 1m，室内给水与排水管道平行敷设时，两管间的最小水平净距不得小于 0.5m；交叉铺设时，垂直净距不得小于 0.15m。给水管应铺在排水管上面，当给水管必须铺在排水管下面时，给水管应加套管，其长度不得小于排水管管径的 3 倍。

4.4.1 给水铸铁管道的安装：

1 在干管安装前清扫管腔，将承口内侧及插口外侧端头的砂、毛刺、沥青除掉，用铁丝刷刷干净，承口朝顺水方向顺序排列，连接的对口间隙不小于 3mm。找平找直后，将管道固定。管道拐弯和始端处应支撑顶牢，防止捻口时轴向移动，所有管口随时封堵好。

2 捻麻：捻麻时先清除承口内的污物，将油麻绳拧成麻花状，用麻钎捻入承口内，一般捻两圈以上，约为承口深度的三分之一，使承口周围间隙保持均匀，将油麻捻实后进行捻灰，水泥用 325 号以上加水拌匀（水灰比为 1∶9），用捻凿将灰填入承口，随填随捣，填满后用手锤打实，直至将承口打满，灰口表面有光泽。承口捻完后应进行养护，用湿土覆盖或用麻绳等物缠住接口，定时浇水养护，一般养护 2~5d。冬季应采取防冻措施。

3　给水铸铁管与镀锌钢管连接时应按图 22-1 所示的几种方式安装。

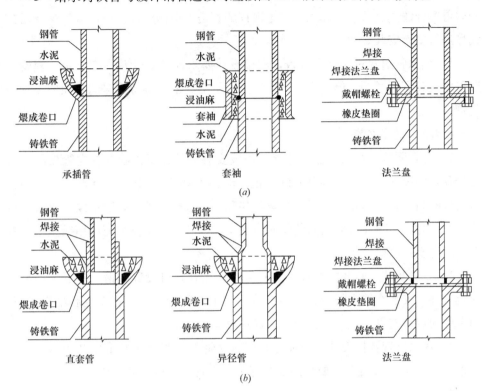

图 22-1　给水铸铁管与镀锌钢管的接头

（a）同管径铸铁管与钢管的接头；（b）不同管径铸铁管与钢管的接头

4.4.2　给水镀锌管安装

1　安装时一般从总进入口开始操作，总进口端头加好临时丝堵以备试压用，设计要求沥青防腐或加强防腐时，应在预制后、安装前做好防腐。把预制完的管道运到安装部位按编号依次排开。安装前清扫管腔，丝扣连接管道抹上铅油缠好麻，用管钳按编号依次上紧，丝扣外露 2～3 扣，安装完后找直找正，复核甩口的位置、方向及变径无误。清除麻头，所有管口要加好临时丝堵。

2　热水管道的穿墙处均按设计要求加好套管及固定支架，安装伸缩器按规定做好预拉伸，待管道固定卡件安装完毕后，除去预拉伸的支撑物，调整好坡度，翻身处高点要有放风、低点有泄水装置。

3　给水大管径管道使用镀锌碳素钢管时，应采用焊接法兰连接，管材和法兰根据设计压力选用焊接钢管或无缝钢管，管道安装完先做水压试验，无渗漏编号后再拆开法兰进行镀锌加工。加工镀锌的管道不得刷漆及污染，管道镀锌后按编号进行二次安装。

4 热水管道穿过墙壁和楼板，应按设计要求加好套管及固定支架。套管一般采用镀锌钢板卷制，但卫生间、盥洗间、厨房、浴室等特殊房间必须使用钢制套管。

4.4.3 立管安装

1 立管明装：每层从上至下统一吊线安装卡件，将预制好的立管按编号分层排开，顺序安装，对好调直时的印记，丝扣外露2～3扣，清除麻头，校核预留甩口的高度、方向是否正确。外露丝扣和镀锌层破损处刷好防锈漆。支管甩口均加好临时丝堵。立管截门安装朝向应便于操作和修理。安装完后用线坠吊直找正，配合土建堵好楼板洞。

2 立管暗装：竖井内立管安装的卡件宜在管井口设置型钢，上下统一吊线安装卡件。安装在墙内的立管应在结构施工中须留管槽，立管安装后吊直找正，用卡件固定。支管的甩口应露明并加好临时丝堵。

3 热水立管：按设计要求加好套管。立管与导管连接要采用2个弯头。立管直线长度大于15m时，要采用3个弯头。立管如有伸缩器安装同干管。

4.4.4 支管安装

1 支管明装：将预制好的支管从立管甩口依次逐段进行安装，有截门应将截门盖卸下再安装，根据管道长度适当加好临时固定卡，核定不同卫生器具的冷热水预留口高度、位置是否正确、找平找正后栽支管卡件，去掉临时固定卡，上好临时丝堵。支管如装有水表先装上连接管，试压后在交工前拆下连接管，安装水表。

2 支管暗装：确定支管高度后画线定位，剔出管槽，将预制好的支管敷在槽内，找平找正定位后用勾钉固定。卫生器具的冷热水预留口要做在明处，加好丝堵。

3 热水支管：热水支管穿墙处按规范要求做好套管。热水支管应做在冷水支管的上方，支管预留口位置应为左热右冷。其余安装方法同冷水支管。

4.4.5 管道试压

铺设、暗装、保温的给水管道在隐蔽前做好单项水压试验。管道系统安装完后进行综合水压试验。水压试验时放净空气，充满水后进行加压，当压力升到规定要求时停止加压，进行检查，如各接口和阀门均无渗漏，持续到规定时间，观察其压力下降在允许范围内，通知有关人员验收，办理交接手续。然后把水泄净，被破损的镀锌层和外露丝扣处做好防腐处理，再进行隐蔽工作。

4.4.6　管道冲洗：管道在试压完成后即可做冲洗，冲洗应用自来水连续进行，应保证有充足的流量。冲洗洁净后办理验收手续。

4.4.7　设备安装

1　循环水泵吸水管前应加设毛发聚集器。

2　给水口为连接管截面 2 倍，应为喇叭形。

3　格栅为耐腐蚀材料制成。

4.4.8　管道防腐和保温

1　管道防腐：给水管道铺设与安装的防腐均按设计要求及国家验收规范施工。所有型钢支架及管道镀锌层破损处和外露丝扣要补刷防锈漆。

2　管道保温：给水管道的保温有管道防冻保温、管道防热损失保温和管道防结露保温三种形式，其保温材质及厚度均按设计要求，质量达到国家验收标准。

4.4.9　循环水管道应敷设在沿游泳池周边设置的管廊或管沟内，如埋地敷设应有良好的防腐措施。

4.4.10　游泳池地面应采取有效措施防止冲洗排水流入池内，冲洗排水管（沟）接入雨污水管系统时，设置防止雨污水回流污染的措施。重力泄水排入排水管道时同样设置防止回流装置。

4.4.11　机械方法泄水时，用循环水泵兼做提升泵，并利用过滤设备反冲洗排水管兼做泄水排水管。

4.4.12　游泳池的给水口、回水口、泄水口、溢流槽、格栅等安装时其外表面与池壁或池底面齐平。

5　质量标准

5.1　主控项目

5.1.1　隐蔽管道和给水系统的水压试验结果必须符合设计要求和施工规范规定。

检验方法：检查系统或分区（段）试验记录。

5.1.2 管道及管道支座（墩）严禁铺设在冻土和未经处理的松土上。

检验方法：观察或检查隐蔽工程记录。

5.1.3 给水系统竣工后或交付使用前，必须进行吹洗。

检验方法：检查吹洗记录。

5.1.4 游泳池的给水口、回水口、泄水口应采用耐腐蚀的铜、不锈钢、塑料等材料制造。溢流槽格栅应为耐腐蚀材料制造并为组装型。安装时其外表面与池壁或池底面齐平。

检验方法：观察检查。

5.1.5 游泳池的毛发聚集器应采用铜或不锈钢等耐腐蚀材料制造。过滤筒（网）的孔径应不大于 3mm，其面积为连接管截面积的 1.5～2 倍。

检验方法：观察和尺量检查。

5.1.6 游泳池地面，应采取有效措施防止冲洗排水流入池内。

检验方法：观察检查。

5.2　一般项目

5.2.1 管道坡度的正负偏差符合设计要求。

检验方法：用水准仪（水平尺）拉线和尺量检查或检查隐蔽工程记录。

5.2.2 碳素钢管的螺纹加工精度符合国际《管螺纹》规定，螺纹清洁规整，无断丝或缺丝，连接牢固，管螺纹根部有外露螺纹，镀锌碳素钢管无焊接口，螺纹无断丝。镀锌碳素钢管和管件的镀锌层无破损，螺纹露出部分防腐蚀良好，接口处无外露油麻等缺陷。

检验方法：观察或解体检查。

5.2.3 碳素钢管的法兰连接应对接平行、紧密，与管子中心线垂直。螺杆露出螺母长度一致，且不大于撑杆直径的二分之一，螺母在同侧，衬垫材质符合设计要求和施工规范规定。

检验方法：观察检查。

5.2.4 非镀锌碳素钢管的焊接焊口平直，焊波均匀一致，焊缝表面无结瘤、夹渣和气孔。焊缝加强面符合施工规范规定。

检验方法：观察或用焊接检测尺检查。

5.2.5 金属管道的承插和套箍接口结构及所有填料符合设计要求和施工规范规定，灰口密实饱满，胶圈接口平直无扭曲，对口间隙准确，环缝间隙均匀，灰口平整、光滑，养护良好，胶圈接口回弹间隙符合施工规范规定。

检验方法：观察和尺量检查。

5.2.6　管道支（吊、托）架及管座（墩）的安装应构造正确，埋设平正牢固，排列整齐。支架与管道接触紧密。

检验方法：观察或用手扳检查。

5.2.7　阀门安装：型号、规格、耐压和严密性试验符合设计要求和施工规范规定。位置、进出口方向正确，连接牢固、紧密，启闭灵活，朝向合理，表面洁净。

检验方法：手扳检查和检查出厂合格证、试验单。

5.2.8　埋地管道的防腐层材质和结构符合设计要求和施工规范规定，卷材与管道以及各层卷材间粘贴牢固，表面平整，无皱折、空鼓、滑移和封口不严等缺陷。

检验方法：观察或切开防腐层检查。

5.2.9　管道、箱类和金属支架的油漆种类和涂刷遍数符合设计要求，附着良好，无脱皮、起泡和漏涂，漆膜厚度均匀，色泽一致，无流淌及污染现象。

检验方法：观察检查。

5.2.10　游泳池循环水系统加药（混凝剂）的药品溶解池、溶液池及定量投加设备应采用耐腐蚀材料制作。输送溶液的管道采用塑料管、胶管或铜管。

检验方法：观察检查。

5.2.11　游泳池的浸脚、浸腰消毒池的给水管、投药管、溢流管、循环管和泄空管应采用耐腐蚀材料制成。

检验方法：观察检查。

5.3　特殊工序或关键控制点的控制（表22-1）

特殊工序或关键控制点的控制　　　　　　　　　　　表22-1

序号	特殊工序/关键控制点	主要控制方法
1	材料交接检查	检查交接记录
2	阀门管件常规检查	观察检查
3	预制前管内清洁度检查	观察检查
4	安装前管内清洁度检查	观察检查
5	管支吊架安装检查	观察和尺量检查

6 成品保护

6.0.1 设备开箱必须注意保护，设备的进出口用临时盲板、螺栓拧严，防止杂物进入设备内部，设备表面应有遮盖物，防止砸坏及污染，设备吊运过程中应由有经验的起重工指挥，吊点必须合理，不能损伤部件，应防止法兰边克断吊绳。在设备配管前应检查泵腔有无杂物，配管管口也应随时封堵。

6.0.2 安装好的管道不得用做支撑或放脚手板，不得踏压，其支托卡架不得做为其他用途的受力点。

6.0.3 游泳池给水口回水口泄水口等安装完毕采用塑料薄膜、木板等遮盖，防止其他专业施工时损伤其表面，掉入杂物等。

7 注意事项

7.0.1 管道镀锌层损坏，原因：由于压力和管钳日久失修，卡不住管道造成。

7.0.2 立管甩口高度不准确。原因：由于层高超出允许偏差或测量不准。

7.0.3 立管距墙不一致或半明半暗。原因：由于立管位置安排不当，或隔断墙位移偏差太大造成。

8 质量记录

8.0.1 材料出厂合格证及进场验收记录。

8.0.2 给水管预检记录。

8.0.3 给水立管预检记录。

8.0.4 给水支管预检记录。

8.0.5 给水管道单项试压记录。

8.0.6 给水管道隐蔽检查记录。

8.0.7 给水系统试压记录。

8.0.8 给水系统冲洗记录。

8.0.9 系统调试记录。

8.0.10 排水管道通球试验记录。

8.0.11 地漏排水试验记录。

8.0.12 敞开式水箱满水试验记录。

8.0.13 卫生器具满水试验记录。

8.0.14 非承压管道灌水记录。

8.0.15 排水系统及卫生器具通水试验记录。

8.0.16 管道支、吊架安装记录。

第 23 章　太阳能光热系统安装

本工艺标准适用于各种太阳能热水系统的安装、质量检验与验收。

1　引用标准

《建筑给水排水及采暖工程施工质量验收规范》GB 50242—2002

《民用建筑太阳能热水系统应用技术规范》GB 50364—2005

《太阳热水系统设计、安装及工程验收技术规范》GB/T 18713—2002

《太阳热水系统性能评定规范》GB/T 20095—2006

2　术语（略）

3　施工准备

3.1　材料要求

3.1.1　太阳能热水器的类型应符合设计要求。成品应有出产合格证。

3.1.2　集热器的材料要求：

1　透明罩要求对短波太阳辐射的透过率高，对长波热辐射的反射和吸收率高，耐气候性、耐久、耐热性好，质轻并有一定强度。宜采用 3～5mm 厚的含铁量少的钢化玻璃。

2　集热板和集热管表面应为黑色涂料，应具有耐气候性，附着力大，强度高。

3　耐久性好，易加工的材料，宜采用铜管和不锈钢管；一般采用镀锌碳素钢管或合金铝管。筒式集热器可采用厚度 2～3mm 的塑料管（硬聚氯乙烯）等。

4　集热板应有良好的导热性和耐久性，不易锈蚀，宜采用铝合金板、铝板、不锈钢板或经防腐处理的钢板。

5　集热器应有保温层和外壳，保温层可采用矿棉、玻璃棉、泡沫塑料等，外壳可采用木材、钢板、玻璃钢等。

6　热水系统的管材与管件宜采用镀锌碳素钢管及管件。

3.2　材料及机具

3.2.1　镀锌碳素钢管及管件的规格种类应符合设计要求，管壁内外镀锌均匀，无锈蚀、无飞刺。管件无偏扣、乱扣、丝扣不全或角度不准等现象。管材应有产品质量证明书。

3.2.2　阀门的规格型号应符合设计要求，阀体表面光洁，无裂纹，开关灵活，关闭严密，填料密封完好无渗漏，手轮完整无损坏，有产品质量证明书或出厂合格证。

3.2.3　机械：垂直吊运机、套丝机、砂轮锯、电锤、电钻、电焊机、电动试压泵等。

工具：套丝板、管钳、活扳手、钢锯、压力钳、手锤、煨弯器、电气焊工具等。

其他工具：钢卷尺、盒尺、直角尺、水平尺、线坠、量角器等。

3.3　作业条件

3.3.1　设置在屋面上的太阳能热水器，应在屋面做完保护层后安装。

3.3.2　屋面结构应能承受新增加太阳能热水器的荷载。

3.3.3　位于阳台上的太阳能热水器，应在阳台栏板上安装完并有安全防护措施方可进行。

3.3.4　太阳能热水器安装的位置，应保证充分的日照强度。

4　操作工艺

4.1　工艺流程

安装准备 → 支座架安装 → 热水器设备组装 → 配水管路安装 → 管路系统试压 →

管路系统冲洗或吹洗 → 温控仪表安装 → 管道防腐 → 系统调试运行

4.2　安装准备

4.2.1　根据设计要求开箱核对热水器的规格型号是否正确，配件是否齐全。

4.2.2　清理现场，画线定位。

4.3　**支座架制作安装，应根据设计详图配制，一般为成品现场组装。其支**

座架地脚盘安装应符合设计要求。

4.4 热水器设备组装

4.4.1 管板式集热水器是目前广泛使用的集热器，与贮热水箱配合使用，倾斜安装。集热器玻璃安装宜顺水搭接或框式连接。

4.4.2 集热器安装方位：在北半球，集热器的最佳方位时朝向正南，最大偏移角度不大于 15°。

4.4.3 集热器安装倾角：最佳倾角应根据使用季节和当地纬度确定。

1 在春、夏、秋三季使用时，倾角设置采用当地纬度。

2 仅在夏季使用时，倾角设置比当地纬度小 10°。

3 全年使用或仅在冬季使用时，倾角比当地纬度大 10°。

4.4.4 直接加热的贮热水箱制作安装：

1 给水应引至水箱底部，可采用补给水箱或漏斗配水方式。

2 热水应从水箱上部流出，接管高度一般比上循环管进口低 50～100mm，为保证水箱内的水能全部使用，应从水箱底部接出管与上部热水管并联。

3 上循环管接至水箱上部，一般比水箱顶低 200mm 左右，但要保证正常循环时淹没在水面以下，并使浮球阀安装后工作正常。

4 下循环管接自水箱下部，为防止水箱沉积物进入集热器，出水口宜高出水箱底 50mm 以上。

5 由集热器上、下集管接往热水箱的循环管道，应有不小于 0.005 的坡度。

6 水箱应设有泄水管、透气管、溢流管和需要的仪表装置。

7 贮热水箱安装要保证正常循环，贮热水箱底部必须高出集热器最高点 200mm 以上，上下集管设在集热器以外时应高出 600mm 以上。

4.4.5 配水管路安装

1 自然循环系统管道安装：

（1）为减少循环水头损失，应尽量缩短上、下循环管道的长度和减少弯头数量，应采用大于 4 倍曲率半径、内壁光滑的弯头和顺流三通。

（2）管路上不宜设置阀门。

（3）在设置几台集热器时，集热器可以并联、串联或混联，但要保证循环流量均匀分布，为防止短路和滞流，循环管路要对称安装，各回路的循环水头损失平衡。

（4）为防止气阻和滞流，循环管路（包括上下集管）安装应不小于 0.01 的坡度，以便于排气。管路最高点应设通气管或自动排气阀。

（5）循环管路系统最低点应加泄水阀，使系统存水能全部泄净。每台集热器出口应加温度计。

2　机械循环系统适合大型热水器设备使用。安装要求与自然循环基本相同，还应注意以下几点：

（1）水泵安装应能满足 100℃高温下正常运行。

（2）间接加热系统高点应加膨胀管或膨胀水箱。

4.4.6　热水供应管路系统安装见其他相关章节。

4.4.7　管路系统试压：应在未做保温前进行水压试验，其压力值应为管道系统工作压力的 1.5 倍。最小不低于 0.5MPa。

4.4.8　系统试压完毕后应做冲洗或吹洗工作，直至将污物冲净为止。

4.4.9　热水器系统安装完毕，在交工前按设计要求安装温控仪表。

4.4.10　按设计要求做好防腐和保温工作。

4.4.11　太阳能热水器系统交工前进行调试运行，系统上满水，排除空气，检查循环管路有无气阻和滞流，机械循环检查水泵运行情况及各回路温升是否均衡，做好温升记录，水通过集热器一般应温升 3～5℃。符合要求后办理交工验收手续。

5　质量标准

5.1　保证项目

5.1.1　太阳能热水器系统的水压试验结果和贮热水箱满水试验必须符合设计要求和施工规范规定。

检验方法：检查系统试验记录和水箱满水试验记录。

5.1.2　太阳能热水器系统交付使用前必须进行冲洗或吹洗。

检验方法：检查冲洗或吹洗记录。

5.2　基本项目

5.2.1　贮热水箱支架或底座的安装应埋设平整牢固，尺寸及位置符合设计要求，水箱与支架接触紧密。

检验方法：观察和对信号设计图纸检查。

5.2.2 水箱涂漆应附着良好，漆膜厚度均匀，色泽一致，无流淌及污染现象。

检验方法：观察检验。

5.3 允许偏差项目

太阳能热水器安装的允许偏差和检验方法见表 23-1。

太阳能热水器安装允许偏差和检验方法

表 23-1

项目		允许偏差	检查方法
标高	中心距地面（mm）	±20	尺量
固定安装朝向	最大偏移角	不大于 15°	分度仪检查

6 成品保护

6.0.1 集热器在运输和安装过程中应加以保护，防止玻璃破碎。

6.0.2 温控仪表应在交工前安装，防止丢失和损坏。

6.0.3 太阳能热水器冬季不使用时应把系统水泄净。

7 注意事项

7.0.1 太阳能热水器的集热效果不好。

7.0.2 正确调整集热器的安装方位和倾角，使其保证最佳日照强度。

7.0.3 调整上下循环管的坡度和缩短管路，防止气阻滞流和减小阻力损失。

7.0.4 太阳能热水器的安装位置应避开其他建筑物的阴影，保证充分的日照强度。

7.0.5 太阳能热水器安装时，应避免设在烟囱和其他产生烟尘设施的下风向，以防烟尘污染透明罩影响透光。

7.0.6 太阳能热水器应避开风口，以减少热损失。

8 质量记录

8.0.1 应有材料及设备的出厂合格证。

8.0.2 材料及设备进场检验记录。

8.0.3 管路系统的预检记录。

8.0.4 管路系统的隐蔽检查记录。

8.0.5 管路系统的试压记录。

8.0.6 系统的冲洗记录。

8.0.7 贮热水箱满水试验记录。

8.0.8 系统的调试记录。